"集成电路设计与集成系统"丛书

数字集成电路验证
从入门到精通

丛国涛　李鹤楠　王 森　编著

Digital Integrated Circuit Verification
From Beginner to Proficient

U0222844

化学工业出版社

·北京·

内容简介

本书基于企业实际需求，理论结合实例，由易到难讲解了数字集成电路常用验证方法、流程规范和UVM高级验证方法。

主要内容包括：数字集成电路验证技术的发展、数字集成电路验证基础、数字集成电路验证的常用Verilog编程语法、被测电路功能点Case抽取、断言、带有约束条件的随机激励、覆盖率、结果自动对比、UVM验证、仿真验证EDA工具、实例解析、综合项目实例。

本书可供集成电路验证的入门级读者，以及集成电路、芯片、半导体及相关行业的工程技术人员使用，还可作为教材供高校相关专业师生学习参考。

图书在版编目（CIP）数据

数字集成电路验证从入门到精通 / 丛国涛，李鹤楠，王森编著. -- 北京 : 化学工业出版社，2024. 10.
（"集成电路设计与集成系统"丛书）. -- ISBN 978-7-122-46184-1

Ⅰ. TN431.2

中国国家版本馆CIP数据核字第2024EZ0049号

责任编辑：贾　娜　　　　　　文字编辑：袁　宁
责任校对：王鹏飞　　　　　　装帧设计：史利平

出版发行：化学工业出版社
　　　　　（北京市东城区青年湖南街13号　邮政编码100011）
印　　装：河北京平诚乾印刷有限公司
787mm×1092mm　1/16　印张14$\frac{1}{2}$　字数355千字
2024年10月北京第1版第1次印刷

购书咨询：010-64518888　　　售后服务：010-64518899
网　　址：http://www.cip.com.cn
凡购买本书，如有缺损质量问题，本社销售中心负责调换。

定　　价：89.00元　　　　　　　　　版权所有　违者必究

前言

随着集成电路制造工艺水平的提升，集成电路设计规模不断增大，其功能多样性和复杂度大幅度上升。验证作为集成电路设计整体流程中不可或缺的一部分，工作难度也日益加大。

目前市场上集成电路验证的图书大多是关于UVM高级验证方法的，侧重于语法和编程实现，系统讲解验证方法的图书较少，对于初学者而言起点过高。本书讲解了企业中一些常用验证方法和流程规范，例如：验证流程以及验证环境框架，被测电路的功能点抽取方法，随机激励方法，结果自动对比方法，时序自动检查方法等，让初学者了解验证的基础概念和验证方法理论。在此基础上，从基础验证方法到UVM高级验证方法，从理论方法到实例解析，进一步阐述数字集成电路验证的进阶知识，帮助读者快速掌握验证方法、应用实例并加以提高。

本书共分为12章。每章先讲解企业中常用验证方法的理论知识和应用场景，再通过实例解析，阐述该理论在实际项目中的应用。

第1章介绍数字集成电路验证技术的发展。

第2章介绍验证基础，包括验证概念和分类、通用验证环境结构等，可以帮助读者对验证环境有大致了解。

第3章介绍验证环境中的常用Verilog语法及其编程基础。

第4章介绍企业常用验证方法中的Case抽取方法，包括理论方法讲解和案例分析。

第5章介绍企业常用验证方法中的断言时序检查方法，包括理论方法讲解和案例分析。

第6章介绍企业常用验证方法中的随机激励方法，包括理论方法讲解和案例分析。

第7章介绍企业常用验证方法中的覆盖率方法，包括理论方法讲解和案例分析。

第8章介绍企业常用验证方法中的结果自动对比方法，包括理论方法讲解和案例分析。

第9章介绍高级验证方法UVM验证的方法理论，包括理论方法讲解和案例分析。UVM验证方法目前是企业最流行的验证方法。

第10章介绍仿真验证中常用的EDA工具，并详细介绍Modelsim仿真验证工具的使用方法。

第11章是项目实例解析，前几章讲解的常用验证方法理论，在本章通过项目案例讲解其实践应用，可以帮助读者更深入地掌握各种验证方法以及验证环境的实现。

第12章是综合项目实例，通过完整实例，讲解如何综合运用所有验证方法，按照验证项目流程，制定验证方案、编写验证环境、分析验证结果和覆盖率报告等内容。

本书由丛国涛、李鹤楠、王森编著。特别感谢杭州士兰集成电路有限公司提供了行业前沿发展情况和应用实例。书中既有理论讲述，又有实例解析，内容贴近生产实际，可以作为集成电路验证的入门书籍，也可以作为高校集成电路、微电子、半导体、芯片等相关专业的教材。

由于作者水平所限，书中不足之处在所难免，敬请广大读者批评指正。

编著者

目
录

本 书 内 容

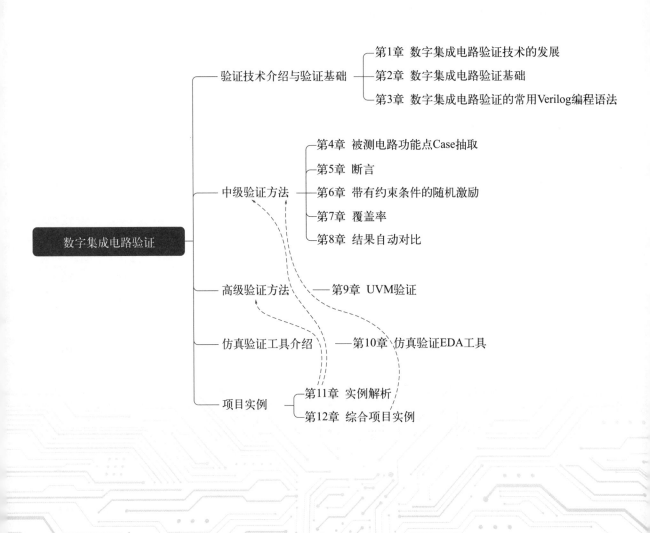

验证技术介绍与验证基础

第1章 数字集成电路验证技术的发展

第2章 数字集成电路验证基础

第3章 数字集成电路验证的常用Verilog编程语法

数字集成电路验证

中级验证方法

第4章 被测电路功能点Case抽取

第5章 断言

第6章 带有约束条件的随机激励

第7章 覆盖率

第8章 结果自动对比

高级验证方法

第9章 UVM验证

仿真验证工具介绍

第10章 仿真验证EDA工具

项目实例

第11章 实例解析

第12章 综合项目实例

数字集成电路验证技术的发展

▶▶ 思维导图

- 功能验证的概念和地位

数字集成电路验证技术的发展 —— 功能验证的关键技术

- 功能验证的技术发展

1.1 数字集成电路验证的概念及地位

1.1.1 验证的概念

什么是验证？验证是证明一个设计能正确实现其功能的过程。验证不是一个测试平台，也不是一系列测试平台，而是指为确保芯片在流片之前，所有既定功能已被正确设计而做的一系列工程活动，站在全流程的角度，它是一种防患于未然的措施。而芯片一旦被制造出来，就没有办法进行更改，所以把问题拦截在流片环节之前异常重要。

另外，验证和测试是比较容易混淆的概念，一些文章会混用这两个概念。验证的目的是保证设计功能的正确实现，是在芯片流片之前进行的过程。而测试的目的是保证设计的硅片实现正确，是在芯片加工出来之后进行的步骤。

验证是一个永远也不会完成的过程，因为验证只能证明存在错误，不能证明不存在错误。随着集成电路工艺水平的提升，集成电路设计规模不断增大，其功能多样性和复杂度大幅度上升。验证作为集成电路设计整体流程中不可或缺的一部分，工作难度也日益加大。验证已经成为集成电路设计流程中开销最大的工作。根据相关调查可知，目前的集成电路设计流程中，验证所消耗的资源巨大，约占整个开发资源的70%以上，且验证周期长，占据整个项目开发周期的40% ～ 70%，同时验证投入的人力也越来越多，验证工程师的数量已经超过设计工程师，在一些非常复杂的集成电路设计中，设计工程师与验证工程师的比例达到1∶2甚至1∶3，验证的重要性和紧迫性不言而喻。

1.1.2 验证在设计流程中的地位

随着设计规模的扩大，设计方法和各种EDA（Electronic Design Automation）工具也不断改进。一般的数字集成电路的设计流程如图1-1所示。

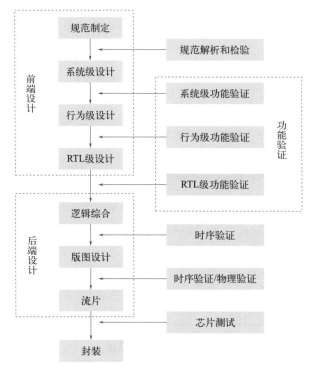

图1-1 数字集成电路设计的一般流程

设计一般从规范（设计师想法）出发，制定出设计规范，然后进行系统级、行为级和RTL级（Register Transfer Level，寄存器传输级）的设计，统称为前端设计。之后的步骤称为后端设计，RTL的设计保证正确后，利用EDA工具进行逻辑综合，将HDL（如VHDL或Verilog HDL）描述转换成用于描述逻辑单元及互连关系的门级网表。之后进行版图设计，将门级网表转换成电路描述的设计，并进行布局、布线，得到用于制造的电路版图。然后就可以到代工厂（Foundry）进行流片，在硅片上实现电路。最后封装成常见的芯片。

从图1-1可以看出，设计的每一步都有相应的验证步骤。在进入下一设计步骤之前，必须保证之前的设计正确，否则后面的设计没有任何意义。根据设计阶段的不同，验证也相应分为功能验证、时序验证、物理验证。功能验证属于前端验证，时序验证和物理验证属于后端验证。

1.2 | 功能验证

功能验证是对设计功能的正确性进行检查，以确保其能够和预期的功能相符。它关注的重点在于设计的逻辑特性和时序特性，而其他如功耗、面积等特性一般不列入考虑范围。功能验证在验证工作中占据绝对重要的地位，功能验证的正确性往往是一次设计流程中的决定性因素。据调查，在首次流片失败的原因中，功能逻辑错误所占的比例是最高的，而且远远超过其他因素。这是由于在逻辑设计阶段，若没有进行足够完备的功能验证，将有可能导致一些逻辑错误和功能缺陷存留在设计之中，这些错误和缺陷会一直延伸到后期的综合及物理设计阶段，并且难以检测，只能在流片之后才会被检测出来，这不单单会影响产品的上市时间，成本上的损失也是难以想象的。可见，通过功能验证发现设计的逻辑错误非常有必要性，错误发现得越晚，修改代价便越高，还有可能造成灾难性的后果。

1.2.1 功能验证过程

功能验证过程包括验证计划、搭建验证环境、执行验证和回归测试四个步骤，下面详细介绍各个部分。

■ （1）验证计划

验证计划定义了必须验证的内容和怎样验证。验证计划描述了验证问题的范围，并作为验证环境的功能规范。验证计划可以有不同的划分原则，分类如下。

① 根据内容可分为：激励产生、响应检查、覆盖评估；

② 根据要求层次不同可分为：结构要求和实现要求；

③ 根据方式分为：必须被验证的内容（功能或设计规范）和怎样验证（验证环境规范）。

■ （2）搭建验证环境

用已经写好的验证计划作为验证环境的功能规范。验证环境的覆盖、激励和检查三方面内容都应该预先在验证计划中规定。每部分的结构应该尽量使用可重用结构来规定。搭建验证环境实质上就是写 Testbench 的过程。

要注意搭建可重用的验证环境。因为可重用设计 IP 的使用成为缩短上市时间的关键，因此可重用验证也同样变得很重要。这样在搭建验证环境时有两个原则可以遵循：首先，尽量利用已有的 Testbench 而不是重新搭建，例如对普通硬件接口有很多已有的验证 Testbench 可以利用，也可以提前设计验证 Testbench，以备以后重复使用；其次，在搭建验证环境时尽量写可重用的验证程序。

■ （3）执行验证

执行验证的目的是发现那些致命的错误，虽然设计者在设计 RTL 代码时都会检查基本的功能，但是很多国外大公司设计和验证是分离的，这是验证工程师第一次接触设计模块，为了尽快熟悉模块，首先要进行少量的仿真来验证模块的基本功能。执行内容是设计行为的最基本功能。为了便于诊断错误，每次仿真都比较严格。验证过程是：先进行假设，利用仿真证明假设为真，然后再利用证明后的假设去做更复杂的假设。

■ （4）回归测试

回归测试的目标不是整个设计，而只是感兴趣的那部分。目的是发现那些有可能在运行过程中注入的错误。可以分为经典回归测试和自动回归测试。

经典回归测试使用由验证计划规定的目标测试集，测试验证设计的某个功能特性。而回归测试集内测试例的选择标准是：

① 验证基本的行为；

② 能在较短的时间内执行大量的设计；

③ 过去发现过错误的测试例。

自动回归测试由自动验证环境执行，根据一定的算法随机产生激励，每次的回归测试都会提高覆盖率，直到达到覆盖目标。由于使用由覆盖率驱动的原理和能自动实现而优于经典的方法。

1.2.2 功能验证相关技术

集成电路功能验证一般可分为两大类，即动态功能验证和静态功能验证。模拟验证是最典型的动态功能验证技术，而形式化验证则是静态功能验证的代表。对于功能验证，行业内也提供了各种验证语言和验证方法来满足不同的验证需求，下面主要介绍功能验证的两种典型技术。

■ （1）模拟验证技术

模拟验证是目前集成电路工作中最主要的验证方式，主要通过在寄存器传输级对被测电路（Design Under Test，DUT）的输入端口施加测试激励，观测DUT的输出结果是否与预期的输出一致。若两者一致，则可判断设计原型功能的正确性，反之，则证明设计原型存在功能缺陷或功能错误。由于模拟验证是验证人员根据设计原型来编写相应的测试激励，所以对于整体的验证把握度较高，而且具有较好的观测性，验证人员可以直接通过查看输出端的响应判断验证结果。

模拟验证主要可分为软件模拟和硬件仿真。

① 软件模拟。在软件模拟验证中，相当于为设计原型搭建了一个模拟真实情形的验证场景。在验证场景中，我们利用软件输入测试激励到被测设计原型当中，得到相应的输出。另外，我们可以编写一个参考模型用来模拟待测设计的功能，同时施加激励给DUT和参考模型，通过输出的比对来判断待测设计的功能正确性。

② 硬件仿真。目前主要的硬件仿真方法是将设计下载到现场可编程逻辑门阵列（Field Programmable Gate Array，FPGA）里，通过运行FPGA来模拟实际电路的运行状态。我们通过一些软件去观测FPGA的输出值情况，如Xilinx公司的Chipscope。硬件仿真利用真实的硬件系统去完成仿真测试工作，工作环境更接近于真实电路，所以它的仿真速度相比于软件模拟要快得多。但是硬件仿真依托于实际的FPGA电路，成本较高，而且对信号的可见性相对较差。

目前的实际工程中，常常将软件模拟与硬件仿真相结合。一方面，通过软件模拟对设计进行初步验证，然后利用硬件仿真进行大规模的仿真实验；另一方面，当硬件仿真发现功能缺陷，也可以利用软件模拟去重现验证场景，高效地检测出缺陷所在。

模拟验证一般分为直接激励测试和随机激励测试。顾名思义，直接激励是由验证工程师根据验证需求直接输入测试激励，针对性强，但工作量大。在大规模集成电路验证工作中，直接编写测试激励的方法效率非常低，而且由于人类思维的局限性，往往不能遍历整个验证空间。随机激励生成可分为确定性激励生成方法和非确定性激励生成方法。对于确定性激励生成，一般采取定向激励和带约束的随机激励生成相结合的方法，这种方式是目前的主流。非确定性的激励生成方法则在一个验证空间中进行激励组合，尽可能多地产生随机向量来触发不同的验证空间，但容易产生冗余向量，浪费验证资源。

针对上述提及的测试激励生成方式，验证人员提出了基于断言和覆盖率导向的模拟验证技术。

断言（Assertion）用来描述待测设计的属性或行为特征，多个属性的集合构成功能点。它可以很精确地描述电路的时序特性和相关信号的因果关系，对于检测设计中的时序性、因果性和数据有效性都有着很好的效果，能帮助验证工程师尽快地发现设计中的缺陷，已经成为目前应用最广泛的热门领域之一。

断言相当于给出了一个简易的功能模型，一方面反映了待测设计的功能属性，另一方面可以为功能覆盖率的收集提供一些有用的价值信息，增加了验证的可观测性，提高了验证效率。目前的集成电路商用设计中，也越来越多地加入断言来进行功能验证工作。如开放源码的 OVL 库、IBM 的 Sugar 语言等。但断言也存在自身的一些局限性，比如，断言对于检测控制通路类电路具有很好的效果，但是对于检测数据通路如数据转换、运算等逻辑模块仍存在一定不足。

覆盖率导向的模拟验证方法意味着覆盖率是整个验证流程的主导因素。在模拟验证中，常用到的覆盖率主要为代码覆盖率和功能覆盖率。我们需要引入代码覆盖率、功能覆盖率等作为判断功能验证正确性的指标，即通过验证覆盖率的大小来衡量待测设计的正确性。

代码覆盖率是在模拟验证中判断验证是否完备的最常用的指标，由验证工具自动生成，它表现的是已经执行的代码或代码其中一部分在所有设计代码中的比例。功能覆盖率表示的是待测设计中已经验证过的功能占该设计全部功能的比例，功能覆盖率导向的验证方法是根据定义的功能点的被覆盖情况来判断功能验证的完备性。目前针对覆盖率导向的模拟验证的相关研究也有了非常丰硕的成果。覆盖率导向的模拟验证方法一定程度上丰富了验证技术库，为功能验证提供了很好的解决思路。

■ （2）形式化验证技术

形式化验证实际上就是从数学上证明设计实现满足规范，主要包括定理证明、模型检验和等价性检查。

① 定理证明。定理证明是把系统与规范都表示成数学逻辑公式，从公理出发寻求描述。它利用某种形式化的公式表述系统的性质，以系统的公理和推理规则为基础，逐步推导相应公式，从而证明系统具有该性质。定理证明技术很大程度依赖于验证人员的工作经验以及对电路设计的理解程度，验证人员对数学逻辑的设计、功能属性的表达以及推理证明的过程是否准确有效，对形式化验证起着至关重要的作用。

② 模型检验。模型检验是用时序逻辑来描述规范，通过有效的搜索方法来检查给定的

系统是否满足规范。

③ 等价性检查。等价性检查一般用于验证 RTL 设计和门级网表之间是否相等。通过相应的数学定理和公式，以及单元库之间的描述建立两个被比较的模型的相互关系，主要目的是引入一个变化后可以穷尽地检测出变化前后的功能一致性。当检测出功能差异时，等价性检查工具就会显示对应的反例和指导信息，验证工程师便可依据这些信息来进行下一步的验证工作。

1.2.3　功能验证相关语言

在更多的仿真验证语言出现之前，Verilog HDL 是硬件描述和仿真综合方面最主要的语言，但 Verilog HDL 自身的语言特点决定了它并不适合于仿真验证工作，无法满足当前集成电路功能验证的需求。为此，业界开发了不同的硬件验证语言（Hardware Verification Language）来满足集成电路功能验证技术的需求，例如 OpenVera、Specman-E、SystemVerilog 等。这些验证语言的出现对集成电路功能验证技术的发展是一件非常有意义的事情，下面简单介绍几种常用的验证语言。

■ （1）SystemVerilog

SystemVerilog，简称 SV，是一种硬件描述和验证语言。由于 Verilog HDL 验证能力有限，业界开发了不同的验证语言来满足功能验证需求，但这些验证语言大部分需要依托于昂贵的验证工具才可进行实际工作。2005 年 11 月，IEEE 采纳 SystemVerilog 作为标准，标准号为 P1800-2005。SystemVerilog 将硬件描述语言与高层级验证语言结合了起来，既可以方便地与底层交互，又具有向上兼容性，成为许多验证工程师的首选。SystemVerilog 扩展了 Verilog HDL 在基于对象和验证平台方面的适用范围，支持诸如信号、事件、接口和面向对象的概念，采用层次化的验证架构，不同的层次执行不同的任务。因为它具备了执行这方面任务所需的基础架构，例如受限制随机激励生成、功能覆盖或断言，所以它对于 RTL、抽象模型和先进的验证平台的开发来说最有效率。同时，三大 EDA 公司 Mentor Graphics、Synopsys、Cadence 都支持以 SystemVerilog 为基础的 Questasim、VCS、Incisive 等多个仿真器，而且 OVM 和 UVM 等基于 SystemVerilog 的验证方法已被广泛采用。

■ （2）SystemC

SystemC 既是硬件描述语言，也是系统级描述语言，它可以为硬件和软件系统建模。SystemC 是硬件描述语言，可以为寄存器传输级 RTL 的设计建模。而说它是描述系统级规范的语言，是因为它可以在算法级上为设计建模，提供了通道（channel）、接口（interface）和事件（event）等机制，用于在系统设计中的不同抽象级别建模系统、通信以及同步。

SystemC 是建立在 C++ 编程语言基础之上的。它拓展了 C++ 的表达能力，使其能描述硬件。它添加了诸如并发、事件和数据类型等重要概念，这些能力是通过类库提供的。该类库提供了功能强大的机制，如可以用所组成的硬件元件、并发行为以及反应行为为整个系统构架建模。SystemC 提供了一个仿真内核，允许用户对设计或系统的可执行规范进行仿真。

SystemC 是一种非常适合于创建、仿真和分析设计的事务处理级模型的语言，可将高抽象级的模型提炼到行为级模型或寄存器级模型。

更有利的一点是，SystemC适用平台很多，如可在Solaris UNIX操作系统上进行SystemC的操作；Mentor Graphics的Catapult C现在可以生成用于验证的SystemC模型和事务处理器；Celoxica公司公布了Agility C编译器，它能将SystemC的具体设计综合到FPGA里。

■ （3）E语言

E语言是一种功能强大的系统级验证语言，在20世纪90年代就已经出现并被消费电子、通信、半导体和IP等工业领域的绝大多数领先厂商所采用。在E语言被IEEE标准化并用于开发后，广大用户将能从先进的基于E语言的工具产品中受益，例如Specman Elite，该工具已经成功验证了数百个设计，其他基于E语言的工具也已经开始进入市场。

E语言是一门面向对象的编程语言，也是一种完整的协议、断言语言，它的语法风格与Java相似，但扩展了许多种硬件描述综合和验证所需的结构与概念，比如约束、时序等，允许工程师在硬件设计中使用抽象设计技术，还为RTL级描述提供了许多结构。它的类、方法和约束支持多次修改和重载，使验证环境具有较高灵活性；同时支持断言，能产生约束随机激励，具有高度的可扩展性和重用性。

E语言综合了许多验证语言的优点，但是目前的应用范围较少，EDA工具的支持也较少，从应用前景上看，已经逐步被SystemVerilog等语言所取代。

1.2.4 功能验证相关方法

验证方法学是一个抽象和宽泛的概念，是方法的学问，也是验证方法集合在哲学范畴的表示。验证方法可看成一种技术框架，我们将不同的验证目的和验证思想导入该框架中，结合固定的软件结构和建模技术来构建复杂的测试平台。目前主流的验证方法有VMM（Verification Methodology Manual）、OVM（Open Verification Methodology）、UVM（Universal Verification Methodology）等，下面对它们做一个简单的介绍。

■ （1）VMM

VMM是Synopsys公司提供的一套结合SystemVerilog特点的验证方法。它主要描述如何使用SystemVerilog创建综合验证环境，包括覆盖率主导、随机约束生成等技术，同时为可互用验证组件指定了建库数据块。

VMM继承了SystemVerilog的一些优点，如可以使用类构建可重用的验证环境，其强大的随机控制，可以在约束条件下产生很多随机的测试向量，构造出不同的测试组合，利用功能覆盖情况来检验设计正确性等。

VMM可以方便地为系统进行建模，对每个验证组件建立继承关系，并为功能模块的不同组件建立子环境。再者，它提供API，可以在运行阶段修改环境中的参数。VMM提供寄存器抽象层，可通过脚本的方式，自动生成寄存器扫描读写等组件，方便地控制环境流程。可见，采用VMM验证方法，有助于验证平台的系统化和标准化，有利于验证工程师开展验证工作。

■ （2）OVM

OVM开发验证方法，由Cadence和Mentor于2008年推出，从一开始就是开源的，是

UVM验证方法的前身。它是基于SystemVerilog的源码基类库和验证方法的软件包，是针对大规模集成电路，基于IP的SoC开发验证而编写的一套完备的验证方法。

OVM支持自底向上的集成和封装，模块级的元件和环境封装在一起可以被集成在系统级的验证环境。通过继承OVM的基本类，可以搭建出实现各个验证组件基本功能和实现方法的验证平台。它有如下优点：

① 可复用性强，用户可以获得现有源码，不需自己开发，模块化的验证结构使其可方便地进行复用。

② 验证平台与测试用例相对独立，使验证工程师可以方便地开发测试案例，有效地完成回归性测试。

③ 高层级的可配置能力，同一平台可以作用于不同的测试案例当中。

④ 有效的激励产生和检测，支持直接测试和带约束的随机测试，方式灵活。

■ （3）UVM

UVM是一个以SystemVerilog类库为主体的验证平台开发框架。它起源于OVM，是由Cadence、Mentor和Synopsys联合推出的新一代的验证方法，在结合了VMM多种优点的基础之上推出了新的技术，包括phase、sequence以及factory模式等。

UVM提供一套基于SystemVerilog的类，验证工程师以其中预定义的类作为起点，就可以建立起具有标准结构的验证平台。UVM是建立在SystemVerilog平台上的一个库，它提供了一系列的接口，让我们能够更方便地进行验证。

UVM的整体由driver驱动器、monitor监控器、model模型、scoreboard记分板等部分组成，在其验证思想中，这些部分都是由一个类（class）来实现的。也就是说，UVM预先定义好了一个类uvm_component，driver、monitor、model、scoreboard等都要从这个类派生而来。通过这种形式，把driver、monitor、model、scoreboard等都组织在"一棵树"上。通过这种树形结构和验证平台，能更方便地对各个模块进行管理，职能更加清晰，有效地提高了验证效率。

1.2.5 功能验证相关研究热点

就目前而言，集成电路功能验证研究的热点主要集中在验证空间管理、验证复用性、测试激励随机化、覆盖率自动反馈等几个方面。

■ （1）验证空间管理

由于设计规模的增大，功能验证测试激励组合和功能状态空间呈现出爆炸式增长的趋势。为了功能验证的完备性，我们需要尽可能遍历每一个激励组合和功能状态，这样的工作量是无法想象的。如何减少全遍历验证方式产生的冗余向量是这一方面的难点所在。

■ （2）验证复用性

它面临两方面的难题：一方面是如何建立可复用的验证平台，包括同一层次和不同层次间验证平台的复用；另一方面是验证激励的层次性复用，即如何使测试激励在不同的验证层次中运用，并且重复开发。目前主流的验证方法如VMM和UVM，可以成功实现代码层级的复用，给我们带来了新的验证思路。

■ （3）测试激励随机化

随机生成测试激励，可以极大地解放人工手写验证激励的繁杂和低效，但后果是可能产生许多冗余向量。目前主要采用带约束的随机激励生成方法，其考虑因素有两个：一个是随机激励粒度大小的划分，另一个是随机层次的定义。随机激励粒度的大小对整个验证效果有着非常大的影响，而随机层次的定义对验证系统的管理、重用性都有着决定性作用。

■ （4）覆盖率自动反馈

传统的验证方法很难建立起覆盖率与验证激励之间的连接关系，对覆盖率的分析，依赖于验证工程师的经验，并且需要手工进行，验证效率低下。目前基于覆盖率导向的验证方法成为热点，它可根据覆盖率情况调整激励的生成，从而更快速地减少验证空洞。

目前，验证工程师就这些研究热点做出了非常多的努力，而且取得了一定的进展，但功能验证方面仍存在许多亟待解决的问题，需要引起足够的重视。

第一，就功能验证手段而言，目前仍存在不足。模拟验证技术在实际应用中最为常见，但完备性难以得到保证；形式化验证一定程度上满足了验证完备性的要求，但容易产生状态爆炸，很难运用于大规模集成电路的功能验证当中。

第二，功能规范标准化建模方面的技术仍然比较缺乏。目前的功能验证工作主要基于信号层级或事务层级来进行，针对的是控制流和数据流的准确性判断，所处层次较低，验证难度相对较大。

第三，测试激励自动生成技术还需继续改进。在传统的功能验证中，由人工手写测试激励和验证平台，工作量大而且较为繁杂，容易导入人为错误。

第四，验证收敛速度问题。当前的功能验证采用的随机激励生成大部分是基于伪随机算法，每运行一次随机种子则会产生相同的随机测试序列，若验证次数不足则很容易产生验证空洞。

虽然困难重重，但仍然阻止不了人类在集成电路功能验证上不断探索和努力的脚步。人们越来越意识到，验证方法上的改进和创新，才是解决功能验证问题的根本。OVM、UVM等验证方法的横空出世，为功能验证领域增添了新的动力。与此同时，国内外的许多公司与研究机构，都在进行集成电路新型验证方法方面的相关研究，成果显著，目的是开发更先进的验证工具以提高功能验证的工作效率。

探索新的验证方法并构建高效的验证环境，是目前集成电路功能验证的研究重点。正是这些问题与挑战的存在，才激发了集成电路验证行业一轮又一轮的技术突破。因此，开展集成电路功能验证方法方面的深入研究势在必行。

1.3 验证的历史、现在与将来

数字集成电路的验证是伴随电路设计制造同步发展的，广义的集成电路验证包括范围很大，至少包括系统级验证、硬件逻辑功能验证、混合信号验证、软件功能验证、物理层验证、时序验证等。而一般狭义的验证特指RTL硬件逻辑功能验证。就集成电路的发展历程看，逻辑功能验证应该说是在Verilog HDL语言出现后才逐渐开始发展的。而在这之前，电路设计出来后，是直接进行Spice仿真来验证其功能。当然，在没有Spice仿真器前，电路的验证就要靠样品的测试了。所以Verilog HDL语言以及相应逻辑仿真器的出现，可以被看作是硬件逻辑功能验证发展的开始。

20世纪80年代初，相继由不同人员组织开发出了Verilog HDL与VHDL这两种硬件描述语言。两种语言相互竞争，相互渗透，不停迭代，但是所完成的功能基本一致。经过接近50年的竞争，如今Verilog HDL已经明显胜出，VHDL现在仅存在于几个欧洲大半导体厂的遗留产品线的后续开发中，新兴市场和美、日公司大多使用Verilog HDL及其后代SystemVerilog。Verilog（SystemVerilog）语言也相继发布了95、01、05、09、12多个版本，内容不仅包含逻辑设计的各种描述，也扩展了面向对象和随机化的各种功能。当然，在语言发展的过程中，不同开发人员对这种设计语言的使用方式也是有差别的。最初级的用Verilog HDL产生激励，查看波形来确认设计的反馈正确，一般学校的课程实验就是这样，还有很多简单的FPGA设计，也是这么做的。稍微正规些的，通过Verilog task检查输出，然后把所有激励产生的结果写成报告文件。再稍微高级一点的，会使用SystemVerilog的大部分包括面向对象、随机化、覆盖率检查、断言等在内的特性，套用相应的验证方法学模板，并结合C语言和各种脚本语言，得到一个相对自动完善的环境，这种一般需要有一批专门的验证人员来开发维护。以上对Verilog HDL语言的不同使用深度，也基本是Verilog HDL语言本身以及逻辑验证发展的一个大致历程。

当然，在SystemVerilog成为验证语言的标准之前，是有一个百家争鸣的时代的。21世纪初曾经出现了Vera、E、PSL等专门验证语言，其中PSL是专门为了描述断言，另外两个是为了补充Verilog HDL里边没有的面向对象、随机化等问题，但是这些语言在当时的接受度都不太高且属于某公司私有，后来SystemVerilog吸纳了其中的某些特性，扩充了其内涵，这些语言也就逐渐淡出视线。另外还有一个值得注意的语言SystemC，刚开始它是用来进行比硬件更抽象的层次（ESL、TLM）的建模，尤其在通信领域广泛应用，后来由于系统级验证与硬件逻辑验证的相互融合，SystemC也被用于验证中，并增加了专门为硬件验证而开发的库，甚至出现了SystemC-AMS这种对照Verilog-AMS的混合信号建模语言。也许将来这种语言会得到更多应用。

与各种验证语言同步发展的，还有各种所谓验证方法学，其实也就是指导使用某种语言的纲领以及预先定义的一些基类库。包括Vera语言的RVM，E语言的ERM，以及后来的VMM、OVM、UVM，但最终得到普遍推广的，也就只剩UVM。

以上验证技术的发展，基本都是基于类似irun的动态仿真器进行的，从业者也在不断尝试另外的途径。形式验证就是另外一种基于电脑仿真器的验证方式。这里的形式验证分两种：一种就是大家熟知的综合布线后的逻辑等效性检查，一种是模型特性检查。此处主要讲后者，模型特性检查是指通过一些数学方法，给定一组输入特性和输出特性，验证被测对象满足这些特性。这里特性的表达，一般使用SystemVerilog中的assertion，然后验证工具会自动检查这些假设的特性是否被满足。这种方式现在只能作为辅助方式进行模块级验证，较大的设计一般因为逻辑空间展开太大而无法运算。目前这种验证技术在成熟的半导体公司应用广泛。现在市面上的硬件形式验证工具主要有Mentor questa formal、Cadence ifv、Onespin等。

除了上述基于计算机仿真的验证技术，验证数字逻辑还有一种方法，就是用硬件原型来验证，最常用的就是用FPGA验证集成电路原型，这是成本最低，也是效果最好的一种办法，在业内也使用了很多年。当然这种技术也有一些限制，例如只能验证基本的RTL部分，不能验证模拟电路、接口电路、低功耗设计等，另外，时钟复位网络存储器也需要相应修改，而且对规模大、速度高的设计，也是无法胜任的。为了解决仿真速度慢、FPGA建模麻烦且限制多的问题，EDA公司找了另外一种方法——硬件加速器。实际可以理解为把软件仿真器做成了基于FPGA或者特制CPU的专有硬件，大幅提高了仿真速度。这种方法不仅具有极高的仿真速度，而且有极大的仿真容量，和类似软件仿真的可见度，所以基本是大型设计最好的验证平台。三大EDA公司都有自己的硬件加速仿真平台，而且都开发了接近20年，另外也有创业公司在实验更新的方法来加速仿真。

随着验证作为一项专业化的业务不断发展，各个公司对验证质量要求的不断提高，专门的验证IP也逐渐有了市场。大型的SoC验证往往需要搭建复杂的验证平台，里边用来验证各种模块接口的验证组件，标准化程度很高。例如USB、以太网这些东西几乎是SoC标配，然而自己开发这种模块，或者开发与之相对应的验证环境，都是费力不讨好地在重复别人做过的事情，于是这些组件就变成了可以轻易买到的IP，与之对应的验证环境也变成了可交易的VIP，这些东西集成进芯片的验证系统，配合其他验证组件，完成对整个系统集成后的验证。几个EDA公司，以及很多IP销售公司，都会同时售卖VIP。

集成电路验证在很多方面其实非常像软件测试。例如都需要大量人员进行基础工作，建立测试向量，运行仿真，迭代，调试，需要手动测试、自动测试。但是由于集成电路人员一般是硬件开发人员，很少有人完整了解软件工程的相关知识，所以集成电路验证的工程管理方面，还是落后于软件测试的。大部分从业人员也认识到这一点，所以会借用软件测试中的很多工具，来为集成电路验证工程服务。比如svn、git、clearcase、perforce这些版本工具，还有HPQC、Jenkins、testrail、mantis、jira这些测试管理工具，被用不同方式嵌入到集成电路验证的流程中。当然EDA公司提供的比如vmanager这类工具，因为有些专门面对集成电路验证的特性，也会被重视验证质量的公司用到。

从技术的发展看，之后肯定会有更多的创业公司给出更有效率的验证解决方案，包括静态验证、硬件加速这些方面，也会有抽象层级更高的语言标准不断出现并被接纳。硬件验证的生产模式也会与软件测试更趋于一致。验证相关的技术也会继续成为EDA公司的创新热点。

从行业发展来看，会出现更多的验证IP提供者、更多的专业验证服务公司。随着国内公司对更高科技树的攀登，也会有更多公司对验证相关工作给予更多的重视与投入。

习题

1. 验证和测试的区别是什么？
2. 在数字集成电路的前端设计中，功能验证一般分为哪几个类型？
3. 功能验证一般包含四个步骤，请简述每个步骤的主要内容。
4. 功能验证一般分为哪两类，每一类的典型验证技术是什么？
5. 简述什么是基于断言和覆盖率导向的模拟验证技术。
6. 形式化验证技术主要包括哪几个方面？
7. 功能验证的常用验证语言有哪些？
8. 功能验证的验证方法有哪些？

第 2 章

数字集成电路验证基础

▶ 思维导图

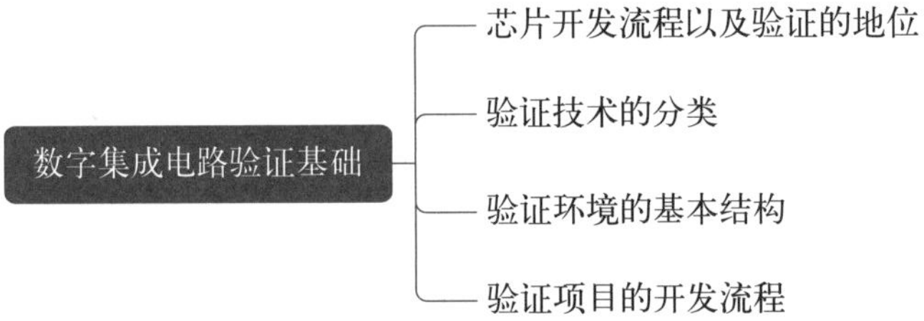

```
                              ┌─── 芯片开发流程以及验证的地位
                              │
                              ├─── 验证技术的分类
            数字集成电路验证基础 ──┤
                              ├─── 验证环境的基本结构
                              │
                              └─── 验证项目的开发流程
```

2.1 集成电路芯片开发流程

集成电路芯片的开发流程分为很多阶段，分工很细。大致可分为前端开发阶段和后端开发阶段。前端开发包括：系统设计，功能设计，功能验证，DFT设计（可测试性设计）/逻辑综合。后端开发包括：版图设计验证，时序验证，芯片试做，芯片测试。其中前端开发和后端开发要经过2次仿真验证，因此前端开发时的功能验证又称作"前仿"，后端开发时的时序验证又称作"后仿"。开发流程如图2-1所示。

2.1.1 系统设计

开发一款新的芯片，首先要经过企业调研、市场调研，明确芯片的功能、性能等，并形成规格书，这一阶段称为系统设计。例如，开发一款手机芯片，通常需要通话功能、照相功

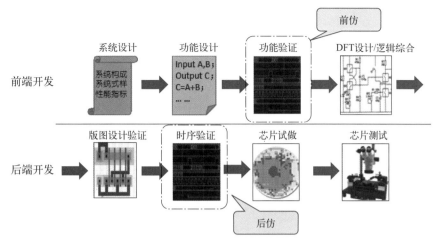

图2-1 集成电路芯片开发流程

能、短信功能、上网功能、电源管理及充电功能等，同时需要明确各个功能需要达到的性能，例如：电池能待机3天，通信信号强度达到5级，等等。这些功能和性能要求需要在芯片开发规格书中详细记载。各功能性能明确以后，形成系统设计框图，划分为模块以后，提供给下一开发阶段（模块的功能设计阶段）。系统设计框图示意图如图2-2所示。

图2-2 系统设计框图示意图

2.1.2 功能设计

该阶段将系统设计框图中的各功能模块通过硬件描述语言（Hardware Description Language, HDL）编程实现。HDL语言是一种以文本形式来描述数字系统硬件的结构和行为的语言，用它可以表示数字逻辑系统所完成的逻辑功能。Verilog HDL和VHDL（VHSIC硬件描述语言，VHSIC是Very High Speed Integrated Circuit的缩写）是目前世界上最流行的两种硬件描述语言，二者均为IEEE标准。以下是一个SPI串行传输模块的Verilog HDL编程实例。

```
1    module spiSlave(
2    input      clk,
3    input      rst_n,
4    input      SCLK,
5    output     MISO,     //MISO output high usually
6    input      MOSI,
7    input      CS,
```

```verilog
8      output     reg [14:0] addr,
9      output     reg wen,
10     output     reg ren,
11     output     reg [15:0] wdata,
12     input      [15:0] rdata
13     );
14     reg  [3:0] SCLK_t;
15     reg  [1:0] MOSI_t;
16     reg  [1:0] CS_t;
17     wire SCLK_2t_pos;
18     wire SCLK_3t_pos;
19     wire SCLK_2t_neg;
20     reg  [5:0] bit_cnt;
21     reg  [ 31:0] buff;
22     reg  ren_1t;
23     reg  [15:0] rdata_hold;
24
25     //SPI signal 2 FF sync
26     always @(posedge clk or negedge rst_n)begin
27         if(!rst_n)begin
28             SCLK_t     <= 4'h0;
29             MOSI_t     <= 2'h0;
30             CS_t <= 2'h3;
31             ren_1t     <= 1'b0;
32         end
33         else begin
34             SCLK_t     <= {SCLK_t[2:0],SCLK};
35             MOSI_t     <= {MOSI_t[0],MOSI};
36             CS_t <= {CS_t[0],CS};
37             ren_1t     <= ren;
38         end
39     end
40     assign     SCLK_2t_pos  = SCLK_t[1]&~SCLK_t[2];
41     assign     SCLK_3t_pos  = SCLK_t[2]&~SCLK_t[3];
42     assign     SCLK_2t_neg  = ~SCLK_t[1]&SCLK_t[2];
43     //bit_cnt use for count every bit
44     always @(posedge clk or negedge rst_n)begin
45         if(!rst_n)begin
46             bit_cnt    <= 5'h0;
47         end
48         else if(CS_t[1])begin
49             bit_cnt    <= 5'h0;
50         end
51         else if(SCLK_2t_pos)begin
52             bit_cnt    <= bit_cnt + 1'b1;
53         end
54     end
55     //buff use for receive 32bit data
```

```verilog
56      always @(posedge clk or negedge rst_n)begin
57          if(!rst_n)begin
58              buff <= 32'h0;
59          end
60          else if(CS_t[1])begin
61              buff <= 32'h0;
62          end
63          else if(SCLK_2t_pos)begin
64              buff <= {buff[30:0],MOSI_t[1]};
65          end
66      end
67      //addr output
68      always @(posedge clk or negedge rst_n)begin
69          if(!rst_n)begin
70              addr <= 15'h0;
71          end
72          else if(CS_t[1])begin
73              addr <= 15'h0;
74          end
75          else if(SCLK_3t_pos && bit_cnt=='d16)begin
76              addr <= buff[15:1];
77          end
78      end
79      //ren output
80      always @(posedge clk or negedge rst_n)begin
81          if(!rst_n)begin
82              ren  <= 1'b0;
83          end
84          else if(CS_t[1])begin
85              ren  <= 1'b0;
86          end
87          else begin
88              ren  <= SCLK_3t_pos && bit_cnt=='d16 && buff[0];
89          end
90      end
91      //wen output
92      always @(posedge clk or negedge rst_n)begin
93          if(!rst_n)begin
94              wen  <= 1'b0;
95          end
96          else if(CS_t[1])begin
97              wen  <= 1'b0;
98          end
99          else begin
100             wen  <= SCLK_3t_pos && bit_cnt=='d32 && ~buff[16];
101         end
102     end
103     //wdata output
```

```
104    always @(posedge clk or negedge rst_n)begin
105        if(!rst_n)begin
106            wdata      <= 16'h0;
107        end
108        else if(CS_t[1])begin
109            wdata      <= 16'h0;
110        end
111        else if(SCLK_3t_pos && bit_cnt=='d32 && ~buff[16])begin
112            wdata      <= buff[15:0];
113        end
114    end
115    //rdata_hold use for hold  rdata
116    always @(posedge clk or negedge rst_n)begin
117        if(!rst_n)begin
118            rdata_hold   <= 16'hFFFF;
119        end
120        else if(CS_t[1])begin
121            rdata_hold   <= 16'hFFFF;
122        end
123        else if(ren_1t)begin
124            rdata_hold   <= rdata;
125        end
126        else if(SCLK_2t_neg && bit_cnt>16)begin
127            rdata_hold   <= {rdata_hold[14:0],1'b1};
128        end
129    end
130    //MISO output
131    assign    MISO    = rdata_hold[15];
132    endmodule
133
```

2.1.3　功能验证

功能模块通过硬件描述语言编程实现以后，需要测试验证该模块的功能是否和设计规格书的描述一致，是否功能都正确。完成所有功能模块的编码后，将模块之间进行连接，形成整个芯片的编码，同样这时需要对整个芯片的模块连接性、带宽等整体功能性能进行测试验证。这一阶段称为功能验证。随着全球集成电路设计开发的IP化推进，大部分通用功能模块都做成了IP，芯片开发时为了缩短开发工期，会大量使用前版本芯片的已有模块，或购买成型的IP模块。但是将各个IP模块连线组成一个完整芯片以后，需要对整个芯片的功能性能进行测试验证，同时由于芯片的集成度越来越高，面积越来越大，功能越来越复杂，当今集成电路企业需要大量的集成电路功能验证工程师。

2.1.4　DFT设计/逻辑综合

DFT全称为Design for Test，可测试性设计。当设计好一个芯片后，可以通过功能验证阶段保证功能和性能的正确性，但是工厂生产加工时，可能会由于落入粉尘、偏差等，造成部分加工出来的实际芯片不能正常工作，这就关系到所谓的良率问题。那么DFT的终极目标就是在流片后，也能通过某些测试的方法，保证芯片和设计规格书吻合，不出现异常。基本实现思路是芯片中增加一些测试电路，可以检测芯片加工中引起的短路、断路等故障。这部分测试电路大致占芯片面积的20%左右，造成一定的资源浪费，但是可以保证最终流入市场的芯片没有故障，利大于弊，所以，大部分企业都会加入DFT设计。

通过HDL编码只是一种对电路的描述，不是实际的电路。逻辑综合是将HDL编码生成由与门、或门、D触发器等基本逻辑器件组成的实际电路，称作网表，用于后续的版图设计。生成网表的实例如图2-3所示。逻辑综合EDA工具除了可以综合生成网表，也可以对电路进行面积优化、时序调整等，因此逻辑综合EDA工具具有极其复杂的算法。

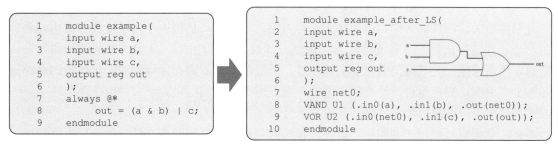

图2-3　逻辑综合生成网表的实例

2.1.5　版图设计验证

该阶段将门电路的网表生成MOS管构成的实际版图文件GDS Ⅱ，提交给工厂流片。对于数字集成电路，可以通过布局布线EDA工具自动生成版图文件。版图生成过程中，需要通过脚本文件设定制约条件，使生成的版图面积和时序达到最优。版图生成后，需要通过版图验证EDA工具进行DRC和LVS规则检查，确保生成的版图功能正确并符合工艺规范。自动布局布线生成版图的实例如图2-4所示。

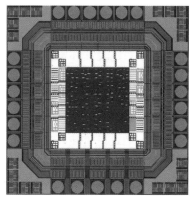

图2-4　自动布局布线生成版图的实例

2.1.6　时序验证

前阶段进行的功能验证是针对HDL语言编码的电路功能描述进行验证，由于没有生成实际电路，所以不带有布局布线以及门电路实际存在的时序延迟信息。经过逻辑综合和版图设计后，已经形成了实际的电路，因此，该阶段导入了逻辑综合和版图设计中的时序迟延数据，再运行一遍功能验证，保证实际电路的功能正确性。

2.1.7　芯片试做与芯片测试

将版图文件发到工厂后，先进行芯片流片试做。试做生产出来的芯片放到测试台，进行

DFT测试和部分功能测试。如果测试出功能设计的问题，则需要ECO（Engineering Change Order）修改，再进行一次流片试做。当测试都通过以后，就可以投入量产了。

2.2 验证的概念和分类

集成电路验证技术，就是通过各种方法核对设计规范和输出结果一致性的过程，可以证明缺陷存在，但无法证明缺陷不存在。也就是说集成电路验证可以尽可能检测出逻辑设计缺陷，但是实际用户使用时，也会存在一些不在设计规范范围内的操作，所以搭建一个好的验证环境，可以更加充分地检测出电路缺陷。

当今大多数企业都重视集成电路验证工作，主要有两方面的原因：①集成电路芯片的功能复杂度增加，芯片的规模也越来越大，百万门，千万门，亿门……为了提高集成电路芯片的功能、性能、质量，节省流片成本，保证一次性流片成功率。② 集成电路芯片的开发周期也在不断缩短，尤其是消费电子类的芯片，一般的开发周期都是半年或一年，目的是缩短芯片上市周期，提前抢占市场份额。因此，企业需要的集成电路验证人员也在逐年增多。

集成电路验证按照集成电路开发流程来分类，可以分为功能验证和时序验证。功能验证是对RTL代码直接进行仿真验证。时序验证是对逻辑综合后的网表文件，加入门电路和连线的迟延信息进行仿真，可以检查出功能和时序错误。

集成电路验证按照被测电路的规模来分类，可以分为模块级验证和系统级验证。模块级验证是针对单个模块或几个模块的功能验证，通常使用Verilog HDL语言或者SystemVerilog语言搭建验证环境。系统级验证是针对整个芯片的功能验证，更侧重验证芯片的应用场景，通常需要搭建交叉编译环境，使用汇编语言或C语言编写测试Pattern，通过编译器编译成机器码，用于内核解析执行，通常使用Verilog HDL语言、SystemVerilog语言、汇编语言或C语言搭建系统验证环境。

集成电路验证按照软硬件验证平台来分类，可以分为软件验证（Simulator）和硬件验证（Emulator）。软件验证使用Modelsim、Questasim、VCS等EDA软件进行仿真，这些EDA软件安装在PC机或服务器上，通过算法模拟电路的运行情况。硬件验证使用FPGA阵列等专用设备，通过硬件电路执行仿真，因此执行速度比软件验证快很多，缺点是专用设备昂贵、搭建验证环境复杂。因此，当今大多数企业还是采用软件验证方法。

集成电路验证按照验证方法来分类，可以分为直接验证、随机验证和基于事务级验证。直接验证通常按照设计规格书中的电路功能直接列举出一些测试向量，来测试这些功能是否正确，这种方法由于测试向量的种类有限，所以很可能有些情况测试不到。随机验证通过随机函数能够生成很多随机测试向量，这种方法测试的情况更多，因此会验证得更充分。基于事务级验证（Transaction Based Verification）方法是目前新兴的一种验证方法，它区别于传统的RTL级验证方法，通过面向对象编程的SystemVerilog语言实现，抽象层次更高，验证目的更具有针对性，验证也更有效。当前的基于事务级验证方法有OVM、VMM、UVM等，其中UVM验证是当今企业最流行的验证方法。

集成电路验证按照被测电路代码的可见性来分类，可以分为白盒法、黑盒法和灰盒法。白盒法根据被测电路的代码和内部结构，可以对内部信号加激励，也可以观测被测电路的内部信号，通过测试证明每种内部操作是否符合设计规格的要求，所有内部成分是否已经过检查。黑盒法把测试对象看成一个黑盒，只考虑其整体特性，不考虑其内部具体实现过程，即完全按照电路设计规格书的功能描述，来测试证明每个功能需求是否正确实现。灰盒法是介于白盒法和黑盒法之间的测试方法，利用黑盒法对被测电路的整体功能特性进行测试，利用白盒法对被测电路的某些内部具体实现进行针对性测试。当今大多数企业采用黑盒法验证。

2.3 验证与设计、测试的区别

集成电路设计、集成电路验证、芯片测试是集成电路设计的不同阶段。通常，集成电路设计是指按照设计规格书的功能要求，通过HDL语言编程来实现电路的所有功能。集成电路验证是指搭建验证环境，确认集成电路设计的HDL代码是否按照设计规格书实现了所有功能，并且所有功能是否运行准确。芯片测试是指芯片试做后，通过测试台对实际芯片进行DFT测试和部分功能测试。

2.4 验证环境的基本结构

2.4.1 验证环境的概念

为了验证被测电路的功能正确性，需要搭建一个验证环境，主要功能包括：
① 对被测电路产生特定的输入序列（测试向量）。
② 可以观测被测电路的输出响应。
③ 可以确认被测电路输出是否和设计规格书中的功能一致。
验证环境的示意图如图2-5所示，属于一个封闭系统。

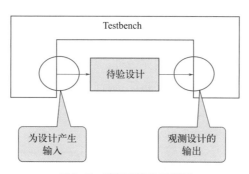

图2-5 验证环境的示意图

2.4.2 验证环境的结构框图

基于上述验证环境的基本功能描述，验证环境的基本结构如图2-6所示。图中①是被测电路（DUT，Design Under Test），首先需要将待验证的模块加载到模拟验证环境；② 是输入激励产生，产生模拟验证所需的输入激励，输送到被测电路，让被测电路动作，实现各种功能；③是预期输出结果构造，按照被测电路的功能，针对输入激励构造出其对应的正确输出结果，用于和被测电路的实际输出对比；④是输出结果比较，提供一种机制，将被测电路的实际输出和预期结果输出对比，以此判断被测电路的功能正确性。

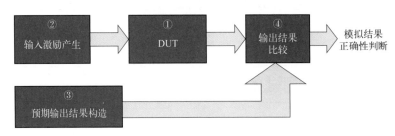

图2-6　验证环境的基本结构

一个完整的验证环境结构如图2-7所示，包括以下内容。

① 输入激励产生：综合直接验证方法和随机验证方法，通过直接激励和随机激励结合的验证方法，既能对被测电路的各个功能、极端值等情况进行验证，又能随机产生更多的测试向量，更加全面地实施验证。

② 断言自动时序检查：对于被测电路的输出控制信号的时序进行自动化检查。通过SVA（SystemVerilog Assertion）语法进行时序描述，检查被测电路输出信号时序的正确性。

③ 输出结果比较：对于被测电路的输出信号的数值正确性进行自动化检查。将被测电路的输出数据和期待值数据进行比较，当比较结果不一致时，将信息保存到Log文件中，验证人员通过查看Log文件即可了解验证执行结果。

④ 预期输出结果构造：该部分用来生成期待值数据，与被测电路的输出数据进行自动比较。预期输出结果构造是验证环境设计的难点，该期待值模型需要按照被测电路的规格书构造出其所有的功能，而且该期待值模型的编程实现要使用简单直接的描述方式，可以不带有时序，不能参照被测电路的代码逻辑编写期待值模型的代码。

⑤ 覆盖率分析：该部分用来保证验证的充分性。通过被测电路的代码行执行情况、功能执行情况等的覆盖程度，来判断验证的充分性。当覆盖率不足时，需要分析哪些地方没被覆盖到，适当增加测试激励，或延长仿真验证执行时间，使覆盖率达到100%。

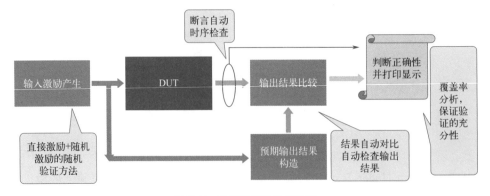

图2-7　验证环境的完整结构

2.4.3 简单验证环境的书写结构

简单的验证环境实际上就是一个Testbench文件，这个文件通常可以通过Verilog HDL语言编程，书写风格更趋近于软件编程，不需要使用可以逻辑综合成电路结构的风格进行编程。Testbench文件具有如下特点：

① 是个无输入输出的HDL顶层模块。

② 其内部需要实例化DUT模块。

③ 需要定义被测模块内的连接线。

④ 为被测顶层模块提供符合规范的输入激励，可写为激励模块或直接在Testbench中添加。

⑤ 观察被测电路输出和内部信号并与理想结果相比较。

Testbench的书写结构和包含内容如下：

```
module Testbench_Name ;
参数说明；
寄存器、线网类型变量的定义、说明；
DUT 实例化语句；// （DUT 的输出端口必须连线网类型的变量）
时钟信号定义、赋初值；
定义置 / 复位信号的变化情形；
用一个或多个 initial 语句块产生 DUT 的模拟激励向量；
用 task 等定义 DUT 外部时序接口；
endmodule
```

下面通过一个简单的示例来说明Testbench的书写方法。

【例2-1】为图2-8的电路搭建验证环境，书写Testbench文件。

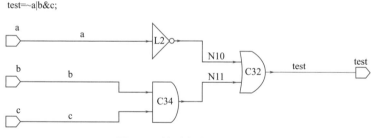

图2-8　被测电路的电路结构

Testbench更像一个激励的产生器，对被测电路的输入引脚产生相应的输入值（0或者1），通过观察输出值来评估设计的正确性。Testbench的工作就是把这些不同的输入值加载到所设计的电路中。首先需要理解被测电路的功能，为了实现各种功能，需要给予怎样的输入激励，会产生什么样的输出。该被测电路结构比较简单，只有3个输入信号，即a、b、c，经过组合逻辑后，生成输出信号test，所以可以罗列出它的真值表，如表2-1所示。

表2-1　被测电路的功能真值表

a	b	c	test
0	0	0	1
0	0	1	1
0	1	0	1

a	b	c	test
0	1	1	1
1	0	0	0
1	0	1	0
1	1	0	0
1	1	1	1

然后，可以通过Verilog HDL语法，按照Testbench的结构进行编程，代码如下：

```
1    `timescale 1ns/1ns   // 定义仿真时间步长
2    module top_test();
3    reg a_test, b_test, c_test;
4    wire test_out;
5    test test (.a(a_test), .b(b_test), .c(c_test), .test(test_out)); // 调用设计模块
6    initial  begin
7        a_test=0; b_test=0;c_test=0;
8        #(100);
9        a_test=0; b_test=0;c_test=1;
10        #(100);
11        a_test=0; b_test=1;c_test=0;
12        #(100);
13        a_test=0; b_test=1;c_test=1;
14        #(100);
15        a_test=1; b_test=0;c_test=0;
16        #(100);
17        a_test=1; b_test=0;c_test=1;
18        #(100);
19        a_test=1; b_test=1;c_test=0;
20        #(100);
21        a_test=1; b_test=1;c_test=1;
22        #(100);
23    end
24    endmodule
```

以上是Testbench文件的编程内容，包括声明连线等变量，实例化被测电路，按照表2-1对被测电路产生激励。那么还缺少一个内容，即被测电路的输出与理想值进行对比，在什么地方体现呢？以上简单的验证环境不是通过编程代码来体现被测电路的输出与理想值对比，而是通过人工观测各个信号的仿真波形，与真值表的输出对比，以此判断被测电路输出的正确性。通过仿真工具可以观测出信号波形，如图2-9所示。

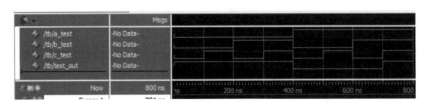

图2-9 Testbench信号的仿真波形

2.5 验证流程

通常企业中的数字集成电路验证流程如图2-10所示。

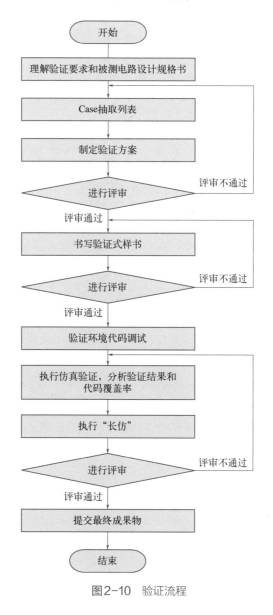

图2-10 验证流程

具体说明如下：

① 接受来自客户的被测电路设计规格书和验证要求，理解被测电路的功能。

② 做出被测电路的功能验证列表（Case抽取列表），列表中包括被测电路的各个功能描述，每个功能需要给予什么样的输入激励，通过什么方式确认被测电路的输出是否正确。

③ 制定验证方案，包括验证环境结构、拟采用的验证方法等。

④ 将Case抽取列表和验证方案同客户进行评审，直到评审通过。

⑤ 完成验证式样书，明确验证环境结构、各个组件的实现方法，完成Case抽取列表，

列表中明确记载验证功能种类、施加的激励条件、验证结果正确性的判定方法等。

⑥ 和客户进行验证式样书的评审，直到评审通过。

⑦ 按照验证式样书编写验证环境代码，接收来自客户的被测电路代码，加入验证环境中，进行调试。

⑧ 按照 Case 抽取列表进行仿真验证。

⑨ 收集代码覆盖率，确保所有代码都被验证到，没有遗漏。

⑩ 长时间运行多种随机激励，称为"长仿"。

⑪ 将验证结果报告、代码覆盖率报告等和客户进行评审，直到审核通过。

⑫ 将最终成果物交付给客户，结束。

习题

1. 集成电路芯片开发流程中的"前仿"和"后仿"分别是什么意思？

2. 简述功能验证和时序验证的区别。

3. 集成电路验证分类中的系统级验证是什么意思？事务级验证是什么意思？

4. 简述设计、验证、测试的区别。

5. 验证环境的完整结构中一般包括哪几个部分？

6. 验证环境的代码书写结构中有哪几个特点？

7. 简述数字集成电路验证工作包含哪些流程。

第 3 章

数字集成电路验证的常用Verilog编程语法

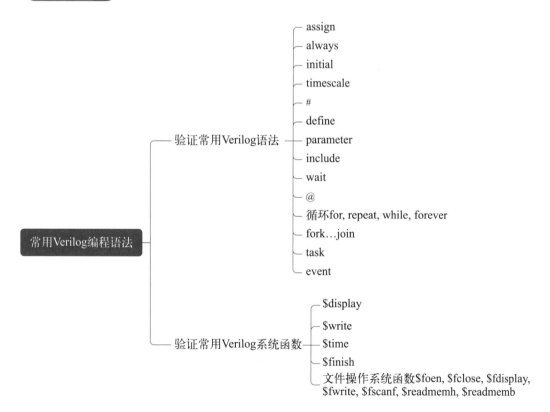

3.1 验证常用Verilog语法

当前大多数人通过Verilog语言编写实现验证环境。Verilog语言的语法很多，包括可综合生成电路的语法，也有不能综合只可以用于仿真验证的语法。本节介绍验证环境编程中常用的十几个Verilog语法，包括：assign、always、initial、`timescale、#、`define、parameter、`include、wait、@、for、repeat、while、forever、fork...join、task、event。掌握了这些常用语法以及3.2节中的几个常用系统函数，便可以搭建基本的验证环境。

3.1.1 assign语法

赋值语法以关键字assign开头，后面是信号名，可以是单个信号，也可以是不同信号的逻辑。驱动强度和延迟是可选的，主要用于数据流建模，而不是综合到实际硬件中。延迟值对于指定门的延迟很有用，并用于模拟实际硬件中的时序行为。右侧的表达式或信号被分配给左侧的表达式或信号。

语法格式如下：

```
assign <net_expression> = [drive_strength][delay]<expression of different signals
or constant  value>
```

使用 assign 语句时，需要遵循以下规则：

① LHS（左值）应该始终是wire类型的标量或向量网络，或者标量或矢量网络的串联，而绝对不能是reg类型的标量或矢量寄存器。

② RHS可以包含标量或向量寄存器以及函数调用。

③ 只要RHS上的任何操作数的值发生变化，LHS就会使用新值进行更新。

④ assign语句也称为连续赋值，并且始终处于活动状态。

下面通过一个简单的示例来说明assign语法及应用。

【例3-1】按照图3-1的电路结构，编写它的Verilog代码来实现该电路。

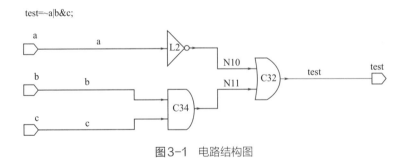

图3-1 电路结构图

该电路结构比较简单，有3个输入信号，即a、b、c，经过与、或、非的组合逻辑后，生成输出信号test，可以通过assign语法实现上述逻辑，代码如下：

```
1    module test1(a,b,c,test);
2    input    a,b,c;
```

```
3    output    test;
4    assign    test = ~a|b&c;
5    endmodule
```

3.1.2　always 语法

always 语法有两种用法：一种用于实现组合逻辑（同 assign 的功能相似），另一种用于实现时序逻辑（即生成 D 触发器，在时钟上升沿触发动作）。语法格式如下：

```
always @(*)                              // 第一种：实现组合电路
always @(posedge clk)                    // 第二种：实现时序电路
```

【例3-2】按照图3-1的电路结构，使用 always 语法编写它的 Verilog 代码来实现该电路。代码如下：

```
1    module test2(a,b,c,test);
2    input    a,b,c;
3    output    test;
4    always @(a or b or c)begin
5        test = ~a|b&c;
6    end
7    endmodule
```

【例3-3】按照图3-1的电路结构，如果输出按照时钟同步，编写它的 Verilog 代码来实现该电路。代码如下：

```
1    module rtl_ff(clk,xrst,a,b,c,test);
2    input    clk,xrst;
3    input    a,b,c;
4    output    reg test;
5    always @(posedge clk or negedge xrst)begin
6        if(!xrst)begin
7            test <= 0;
8        end
9        else begin
10            test <= ~a|b&c;
11        end
12    end
13    endmodule
```

上述代码中 always 语句中信号的赋值语法需要特别注意，因为实现的是时序电路，所以信号赋值需要通过"<="语法进行非阻塞赋值（第7行和第10行）。

3.1.3　initial、`timescale、# 语法

在 Verilog 中有两种结构化的过程语句：initial 语句和 always 语句。它们是行为级建模的两种基本语句。其他所有的行为语句只能出现在这两种语句里。Verilog 中的各个执行流程

（进程）并发执行，而不是顺序执行。每个 initial 语句和 always 语句代表一个独立的执行过程，每个执行过程从仿真时间 0 开始执行并且两种语句不能嵌套使用。initial 语句在仿真中只执行一次，用于初始化变量，描述一次性行为，在仿真时刻 0 开始执行。格式如下：

```
initial  begin
行为语句 1；
行为语句 2；
end
```

`timescale 是 Verilog 中的一种时间尺度预编译指令，它用来定义模块的仿真时间单位和时间精度。格式如下：

```
`timescale    仿真时间单位 / 时间精度
```

Verilog 中通过 # 语句来实现延时，时延一般是不可综合的。语法格式如下：

```
#< 延时时间 > 行为语句；
#< 延时时间 >；
```

注意：延时时间的时间单位通过 `timescale 来定义。

【例 3-4】对图 3-1 的电路模块，通过 Verilog 语法编写简单的 Testbench 进行验证。

```
1     `timescale    1ns/1ns
2     module tb;
3     reg    a,b,c;
4     wire    test;
5     //RTL  instance
6     rtl_com rtl_com(
7         .a(a),
8         .b(b),
9         .c(c),
10        .test(test)
11    );
12    //generate input
13    initial    begin
14        a = 0; b=0; c=0;
15        #100;
16        a = 0; b=0; c=0;
17        #100;
18        a = 0; b=0; c=1;
19        #100;
20        a = 0; b=1; c=0;
21        #100;
22        a = 0; b=1; c=1;
23        #100;
24        a = 1; b=0; c=0;
25        #100;
26        a = 1; b=0; c=1;
```

```
27          #100;
28          a = 1; b=1; c=0;
29          #100;
30          a = 1; b=1; c=1;
31          #5000;
32          $display("sim end!!!");        // 打印信息
33          $finish;                       // 仿真结束
34      end
35      endmodule
```

上述 Testbench 代码第 13 行，通过 initial 语句来产生测试向量。0 时刻时，a = 0，b=0，c=0;经过 100ns，a = 0，b=0，c=0;再经过 100ns，a = 0，b=0，c=1;等等。运行仿真后，波形如图 3-2 所示，当程序运行到 \$finish 时，会自动停止仿真。

图 3-2　仿真波形截图

3.1.4 `define、parameter 语法

`define 和 parameter 都可以在设计中用来指定常量。`define 的使用场合一般是全局化的常量，将这些全局常量写到一个文件中，其他文件中通过 `include 这个文件，就能使用这个全局常量，例如对整个 IP 的配置信息。参数 parameter 的作用大体与 `define 类似，一般用来改变一个模块的局部参数，如信号宽度、时钟周期等。

【例 3-5】为了代码可读性和便于修改，把【例 3-4】中输入激励的迟延时间做成参数化，应如何修改 Testbench 代码？

可以先通过 parameter 语法定义一个参数，后面直接引用这个参数即可。代码如下：

```
1       `timescale    1ns/1ns
2       module tb;
3       parameter CYCLE = 100;
4       reg     a,b,c;
5       wire    test;
6       //RTL instance
7       rtl_com rtl_com(
8               .a(a),
9               .b(b),
10              .c(c),
11      .test(test)
12      );
13      //generate input
```

```
14    initial  begin
15          a = 0; b=0; c=0;
16          #CYCLE;
17          a = 0; b=0; c=0;
18          #CYCLE;
19          a = 0; b=0; c=1;
20          #CYCLE;
21          a = 0; b=1; c=0;
22          #CYCLE;
23          a = 0; b=1; c=1;
24          #CYCLE;
25          a = 1; b=0; c=0;
26          #CYCLE;
27          a = 1; b=0; c=1;
28          #CYCLE;
29          a = 1; b=1; c=0;
30          #CYCLE;
31          a = 1; b=1; c=1;
32          #500;
33          $display("sim end!!!");
34          $finish;
35    end
36    endmodule
```

上述代码的第3行，通过parameter语法定义了一个参数CYCLE，取值是100。第16行、18行等的语句"#CYCLE"，实际上就是"#100"。所以使用parameter进行参数化后，逻辑没有改变，但是可读性得到了增强。

同样，也可以使用`define语法来定义，后面直接引用这个定义即可。代码如下：

```
1     `timescale  1ns/1ns
2     `define CYCLE   100
3     module tb;
4     reg     a,b,c;
5     wire    test;
6     //RTL instance
7     rtl_com rtl_com(
8          .a(a),
9          .b(b),
10         .c(c),
11         .test(test)
12    );
13    //generate input
14    initial    begin
15          a = 0; b=0; c=0;
16          #`CYCLE;
17          a = 0; b=0; c=0;
18          #`CYCLE;
19          a = 0; b=0; c=1;
```

```
20          #`CYCLE;
21          a = 0; b=1; c=0;
22          #`CYCLE;
23          a = 0; b=1; c=1;
24          #`CYCLE;
25          a = 1; b=0; c=0;
26          #`CYCLE;
27          a = 1; b=0; c=1;
28          #`CYCLE;
29          a = 1; b=1; c=0;
30          #`CYCLE;
31          a = 1; b=1; c=1;
32          #500;
33          $display("sim end!!!");
34          $finish;
35      end
36      endmodule
```

上述代码的第2行，通过`define语法定义了一个符号CYCLE，这个符号代表100。第16行、18行等的语句"#`CYCLE"，实际上就是"#100"。

3.1.5 `include语法

`include是"文件包含"处理，通过该操作，一个源文件可以将另外一个源文件的全部内容包含进来，即将另外的文件包含到本文件之中。格式如下：

```
`include       "路径 / 文件名 "
```

如3.1.4节描述，可以使用 `define定义一些全局化的常量，将这些全局常量写到一个文件中，其他文件中通过`include这个文件，就能使用这个全局常量。另外，当一个文件中的代码过长，为了可读性，也会按照功能将代码片段放到单独的文件中，然后通过`include引用这些文件。

【例3-6】为了代码可读性，输入激励很长时，可以另放一个文件，然后引用，应如何修改Testbench代码？

将输入激励写入一个文件中，c_input.v：

```
1       //generate input
2       initial     begin
3           a = 0; b=0; c=0;
4           #100;
5           a = 0; b=0; c=0;
6           #100;
7           a = 0; b=0; c=1;
8           #100;
9           a = 0; b=1; c=0;
10          #100;
```

```
11        a = 0; b=1; c=1;
12        #100;
13        a = 1; b=0; c=0;
14        #100;
15        a = 1; b=0; c=1;
16        #100;
17        a = 1; b=1; c=0;
18        #100;
19        a = 1; b=1; c=1;
20        #5000;
21        $display("sim end!!!");
22        $finish;
23    end
```

Testbench文件中引用这个输入激励文件。

```
1     `timescale     1ns/1ns
2     module tb;
3     reg  a,b,c;
4     wire test;
5     //RTL instance
6     rtl_com    rtl_com(
7         .a(a),
8         .b(b),
9         .c(c),
10        .test(test)
11    );
12    //generate input
13    `include "../tb/c_input.v"
14    endmodule
```

这样看起来Testbench会简洁很多，而且当更换测试激励时，可以不修改顶层Testbench文件，通过`include引用另一个文件即可。

3.1.6 wait、@语法

Verilog语法中使用wait或@来实现等待操作。wait用来等待一个信号的电平发生，@用来等待一个信号的电平或边沿，或一个事件的发生。

【例3-7】通常给被测电路施加测试激励时，需要等待系统复位解除后（xrst上升沿后），再输入激励，应如何修改Testbench代码？

代码如下：

```
1     `timescale     1ns/1ns
2     module tb;
3     parameter CYCLE = 10;
4     reg  clk;
5     reg  xrst;
```

```verilog
 6      reg  a,b,c;
 7      wire test;
 8      //RTL instance
 9      rtl_ff    rtl_ff(
10           .clk(clk),
11      .xrst(xrst),
12           .a(a),
13           .b(b),
14           .c(c),
15           .test(test)
16      );
17      //generate clock
18      initial begin
19           clk = 0;
20           forever begin
21                #(CYCLE/2);
22                clk = ~clk;
23           end
24      end
25      //generate reset
26      initial begin
27           xrst = 0;
28           #(5*CYCLE);
29           xrst = 1;
30      end
31      //generate input
32      initial       begin
33           a = 0; b=0; c=0;
34           wait(xrst);
35           a = 0; b=0; c=0;
36           #CYCLE;
37           a = 0; b=0; c=1;
38           #CYCLE;
39           a = 0; b=1; c=0;
40           #CYCLE;
41           a = 0; b=1; c=1;
42           #CYCLE;
43           a = 1; b=0; c=0;
44           #CYCLE;
45           a = 1; b=0; c=1;
46           #CYCLE;
47           a = 1; b=1; c=0;
48           #CYCLE;
49           a = 1; b=1; c=1;
50           #500;
51           $display("sim end!!!");
52           $finish;
53      end
54      endmodule
```

代码的第26～30行，生成系统复位信号xrst。首先xrst低电平，执行系统复位，经过5个时钟周期后，变为高电平，解除系统复位。代码的第34行，通过wait语法，等待系统复位信号xrst的高电平，然后才会继续执行后面的施加激励操作。为了等待系统复位的解除，也可以将第34行换成"@(posedge xrst);"语句，表示等待系统复位信号xrst的上升沿。也可以直接改成"#（5*CYCLE）;"语句，因为上面代码生成的系统复位为5个时钟周期，所以此时等待5个时钟周期，即系统复位解除。

执行仿真后，波形如图3-3所示。从仿真波形中可以看出，系统复位期间（xrst低电平），信号a、b、c一直保持初始值，复位解除后，才依次变化施加测试激励。

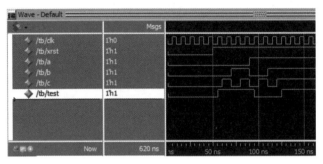

图3-3　仿真波形截图

3.1.7　for、repeat、while、forever语法

Verilog语法中可以使用for、repeat、while、forever语法实现循环处理。这4个循环的区别如下：

① for是一种条件循环，在条件成立时才进行循环。格式如下：

```
for( 初始赋值语句 ；条件表达式 ；赋值修改 )
语句或语句块;
```

② repeat是执行指定循环次数的循环。循环次数可以是一个整数、变量或一个数值表达式。格式如下：

```
repeat （循环次数）
语句或语句块;
```

③ while循环是条件循环语句。每次执行前判断条件：条件为真，继续执行；条件为假，停止执行。格式如下：

```
while （条件表达式）
语句或语句块;
```

④ forever循环是一种无限循环。循环体内必须采用某种形式的时序控制，否则forever将在0时刻后一直循环下去。格式如下：

```
forever
语句或语句块;
```

【例3-8】可以简化输入激励的代码书写，循环8次，依次对信号a、b、c赋值3'b000～3'b111，应如何修改Testbench代码？

Testbench代码如下，通过for语法指定循环8次。

```
1     `timescale     1ns/1ns
2     module tb;
3     parameter CYCLE = 10;
4     reg  a,b,c;
5     wire test;
6     //RTL instance
7     rtl_com  rtl_com(
8            .a(a),
9            .b(b),
10           .c(c),
11           .test(test)
12    );
13    integer i;
14    //generate input
15    initial   begin
16          a = 0; b=0; c=0;
17          #(2*CYCLE);
18          for(i=0; i<8; i=i+1)begin
19               {a,b,c} = i;
20               #CYCLE;
21          end
22          #500;
23          $display("sim end!!!");
24          $finish;
25    end
26    endmodule
```

3.1.8 fork...join 语法

Verilog语法中的块语句是指将两条或者两条以上的语句组合在一起，使其在格式上更像一条语句。块语句分为两种：

① begin...end语句，通常用来标识顺序执行的语句，用它标识的块称作顺序块。

② fork...join语句，通常用来标识并行执行的语句，用它标识的块称作并行块。

顺序块的格式如下：

```
begin
语句1;
语句2;
... ...
end
```

顺序块的特点：

① 块内的语句是按照顺序执行的，即只有上面一条语句执行完后下面的语句才能执行。

② 每条语句的延迟时间都是相对于前一条语句的仿真时间而言的。

③ 直到最后一条语句执行完，程序流程控制才跳出该语句块。

并行块的格式如下：

```
fork
语句1;
语句2;
… …
join
```

并行块的特点：

① 块内语句是同时执行的，即程序流程控制进入该块时，块内语句开始同时并行执行。

② 块内每条语句的延迟时间都是相对于程序流程进入到块内的时刻。

③ 延迟时间是用来给赋值语句提供执行时序的。

④ 当按时间排序在最后的语句执行完成后，或者一个disable语句执行时，程序流程控制跳出该模块。

fork…join有三种用法：

■ （1）fork…join

同时提起所有线程，并等所有的线程都执行结束后再往下执行。

■ （2）fork…join_any

同时提起所有线程，有任何一个线程执行结束后就往下执行，不必等所有的线程都执行完。

■ （3）fork…join_none

同时提起所有线程，并立即往下执行，不会等任何一个线程执行完。

三种用法的执行过程如图3-4所示。

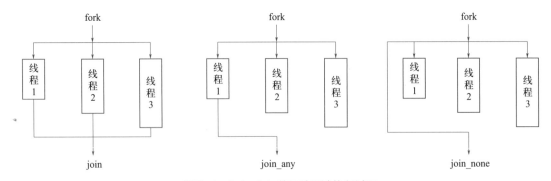

图3-4　fork…join的三种用法执行过程

下面列举一个fork…join的常用场景，用来控制仿真结束时间。通过这种方式，即使产生测试激励过程中卡死，也会在设定时间正常结束仿真。

【例3-9】仿真1μs结束，在这1μs内一直产生测试激励，应如何修改Testbench代码？

代码如下：

```
1      `timescale    1ns/1ns
2      module tb;
3      parameter CYCLE = 10;
4      reg  a,b,c;
5      wire test;
6      //RTL instance
7      rtl_com  rtl_com(
8          .a(a),
9          .b(b),
10         .c(c),
11         .test(test)
12     );
13     //generate input
14     initial  begin
15         a = 0; b=0; c=0;
16         #(2*CYCLE);
17         fork
18             forever begin
19                 {a,b,c} = {$random};
20                 #(CYCLE);
21             end
22             begin
23                 #(100*CYCLE);
24                 $display("fork end!");
25             end
26         join_any
27         #500;
28         $display($time,"sim end!!!");
29         $finish;
30     end
31     endmodule
```

代码的第17～26行，通过fork…join_any语法，内部包含2个分支，这2个分支同时执行。第一个分支是第18～21行，是forever循环产生随机激励数据。第二个分支是第22～25行，执行100个时钟周期（即1μs）后，结束该分支。值得说明的是，虽然第一个分支是死循环，但当第二个分支退出后，fork…join_any执行结束退出，然后继续运行后续的第27～29行代码。最后调用$finish函数结束仿真。

执行仿真后，波形如图3-5所示，信号a、b、c随机生成了一些数值，而且通过"Transcript"窗口打印了"fork end!"和"sim end!!!"，说明执行了100个时钟周期后退出fork…join，然后执行$finish结束仿真。

3.1.9 task语法

任务（task）相当于一个函数，需要在主程序中调用该任务，该任务才会执行。格式如下：

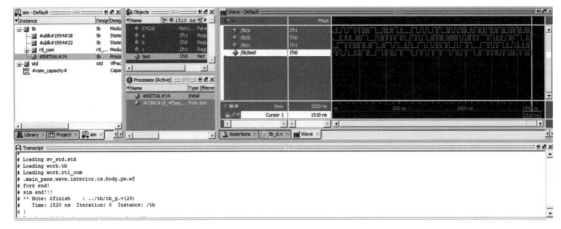

图3-5　波形仿真截图

```
task task_name(
input    a;              // 定义输入端口
output   b;              // 定义输出端口
);
语句或语句块;
endtask
```

task 调用的格式：

```
task_name(端口1，端口2，……);
```

【例3-10】为了程序可读性，以及为了避免相同的程序块重复书写，可以将一个功能操作封装成函数，应如何修改Testbench代码？

代码如下：

```
1      `timescale    1ns/1ns
2      module tb;
3      parameter CYCLE = 10;
4      reg   a,b,c;
5      wire test;
6      //RTL instance
7      rtl_com  rtl_com(
8          .a(a),
9          .b(b),
10         .c(c),
11         .test(test)
12     );
13     //generate input
14     initial  begin
15         a = 0; b=0; c=0;
16         #(2*CYCLE);
17         gen_abc(8);
18         #5000;
```

```
19          $display("sim end!!!");
20          $finish;
21      end
22      //a task
23      task gen_abc;
24      input   [15:0] data_num;
25      integer i;
26      begin
27          for(i=0; i<data_num; i=i+1)begin
28              {a,b,c} = i;
29              #CYCLE;
30          end
31      end
32      endtask
33      endmodule
```

代码的第23～32行，通过语法task做成一个任务。代码的第17行直接调用这个任务，即可执行任务中的内容，对信号a、b、c进行赋值。

3.1.10　event语法

因为Verilog中的各个initial块和always块都是并行执行的，块之间的通信可以使用一个事件（event）来传递。即：在一个块中触发一个事件，在另一个块中可以捕获事件的触发。

语法格式如下：

```
event   事件名         // 声明一个事件
->      事件名         // 触发事件
@       事件名         // 捕获事件的触发
```

【例3-11】有下列Testbench代码片段，请分析打印显示的b信号的数值。

```
3       event  e1;
4       reg [3:0] a;
5       reg [3:0] b;
6       initial begin
7           a = 0;
8           #10;
9           a = 3;
10          #10;
11          a = 7;
12          ->e1;
13          #10;
14          a = 12;
15          #10;
16      end
17      initial begin
18          b = 0;
```

```
19        @e1;
20        b = a ;
21        $display("b=%d",b);
22    end
```

【分析】该Testbench中有2个initial块，第一个initial中对a信号进行赋值，每过10ns改变一次a信号的数值，而且在a=7之后触发一个事件e1（第12行代码：->e1）。第二个initial中对b信号进行赋值，先赋值b=0，然后赋值b=a，并打印显示b的数值。值得注意的是，捕获触发事件之后（第19行：@e1）才进行赋值b=a，触发事件时a的值是7，所以此时打印显示b的值应该是7。

运行仿真后，通过"Transcript"窗口可以看到b=7，如图3-6所示。

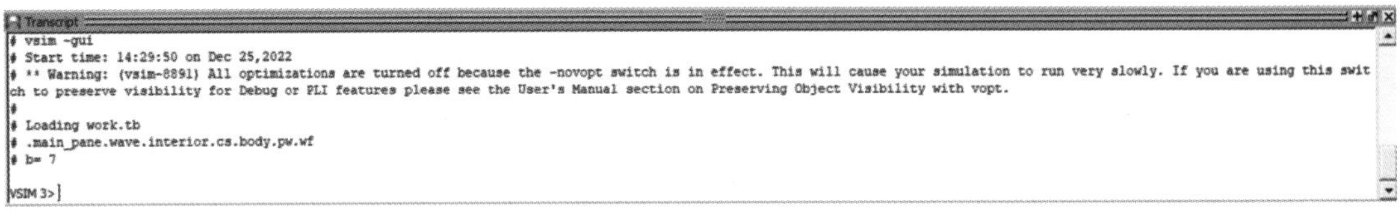

```
Transcript
# vsim -gui
# Start time: 14:29:50 on Dec 25,2022
# ** Warning: (vsim-8891) All optimizations are turned off because the -novopt switch is in effect. This will cause your simulation to run very slowly. If you are using this swit
  ch to preserve visibility for Debug or PLI features please see the User's Manual section on Preserving Object Visibility with vopt.
# Loading work.tb
# .main_pane.wave.interior.cs.body.pw.wf
# b= 7
VSIM 3>
```

图3-6　运行结果截图

3.2　验证常用Verilog系统函数

本节介绍验证环境编程中常用的十几个Verilog系统函数，包括：$display、$write、$time、$finish、文件操作（$fopen、$fclose、$fdisplay、$fwrite、$fscanf、$readmemh、$readmemb）、$random。

3.2.1　$display、$write、$time、$finish系统函数

$display系统函数的作用是向控制台输出打印信息，$time系统函数的作用是返回当前系统时间，这2个函数用于验证环境的调试。可以在某些地方打印调试信息或仿真结果，同时通过$time显示当时的系统时间，便于调试追踪。$write系统函数和$display系统函数的功能基本一样，区别是$write打印信息不自动换行，$display打印信息自动换行。$finish系统函数用来结束验证环境的运行，退出仿真，否则验证环境会一直运行，占用仿真EDA工具的license资源。

【例3-12】在产生完所有的测试向量完成仿真时，向屏幕打印仿真完成的信息，并显示仿真运行的时间，应如何修改Testbench代码？

代码如下：

```
1    `timescale    1ns/1ns
2    module tb;
3    parameter CYCLE = 10;
4    reg  a,b,c;
5    wire test;
```

```
 6        //RTL instance
 7        rtl_com  rtl_com(
 8            .a(a),
 9            .b(b),
10            .c(c),
11            .test(test)
12        );
13        integer i;
14        //generate input
15        initial  begin
16            a = 0; b=0; c=0;
17            #(2*CYCLE);
18            for(i=0; i<8; i=i+1)begin
19                {a,b,c} = i;
20                #CYCLE;
21            end
22            #500;
23            $display($time,"sim end!!!");
24            $finish;
25        end
26        endmodule
```

代码的第23行，通过$display系统函数向屏幕打印信息，$time是系统时间，"sim end!!!"是一个字符串，所以屏幕会显示这2个信息。代码的第24行，执行$finish系统函数后，结束仿真。

执行仿真后，如图3-7所示，"Transcript"窗口可以看到打印信息"600sim end!!!"，这正是代码第23行$display打印输出的信息，600表示当前系统时间是600ns。

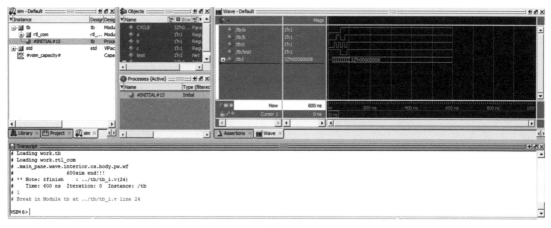

图3-7　执行仿真截图

3.2.2　文件操作系统函数

Verilog提供了很多可以对文件进行操作的系统函数。经常使用的系统函数主要包括如下几种。

① 文件开、闭：$fopen，$fclose。

② 文件写入：$fdisplay，$fwrite。

③ 文件读取：$fscanf。

④ 存储器加载：$readmemh, $readmemb。

其中，$fdisplay 和 $fwrite 系统函数的功能基本一样，区别是 $fwrite 写入后不能自动换行，$fdisplay 写入后可以自动换行。

【例3-13】在产生测试向量的同时，将被测电路的输出结果保存到文件中，应如何修改Testbench 代码？

代码如下：

```
1    `timescale    1ns/1ns
2    module tb;
3    parameter CYCLE = 10;
4    reg   a,b,c;
5    wire test;
6    //RTL instance
7    rtl_com   rtl_com(
8          .a(a),
9          .b(b),
10         .c(c),
11         .test(test)
12   );
13   //write file
14   integer   out_file;
15   initial begin
16       out_file = $fopen("out_data.txt","w");
17       $fdisplay(out_file,"a\tb\tc\ttest");
18   end
19   //generate input
20   integer i;
21   initial   begin
22       a = 0; b=0; c=0;
23       #(2*CYCLE);
24       for(i=0; i<8; i=i+1)begin
25           {a,b,c} = i;
26           #(CYCLE);
27           $fdisplay(out_file,"%b\t%b\t%b\t%b",a,b,c,test);
28       end
29       $fclose(out_file);
30       #500;
31       $display($time,"sim end!!!");
32       $finish;
33   end
34   endmodule
```

代码的第16行，通过 $fopen 系统函数，以只写的方式打开文件"out_data.txt"。代码的第17行，向文件中打印一个表头"a b c test"，"\t"表示制表符，表示通过制表符分开。代码的第27行，向文件中打印信号a、b、c、test的值，"%b"表示信号以二进制显示。这样就可以将信号的值打印到文件中。

运行仿真后，当前目录下会新生成一个"out_data.txt"文件，文件内容如图3-8所示。

【例3-14】需要从文件中读取测试向量数据，分别赋值给被测电路的各个输入端口，应如何编写Testbench代码？

测试向量文件test_data.txt的内容如图3-9，每一行的3个数据分别是被测电路的3个输入信号对应的测试向量。

图3-8　新生成的文件

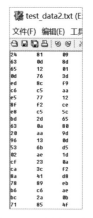

图3-9　测试向量文件

【分析】测试向量文件test_data.txt共有100行，有3列内容，这3列是输入测试激励的数值，属于16进制数据。

【实现思路】

① 使用$fopen系统函数以只读方式打开文件test_data.txt。

② 使用$fscanf系统函数按照16进制数据类型读取每一行中的3个数据，并将读出数据赋值给被测电路的输入信号。

代码如下：

```
1    `timescale    1ns/1ns
2    module tb;
3    parameter CYCLE = 10;
4    reg  [7:0]a_in;
5    reg  [7:0]b_in;
6    reg  [7:0]c_in;
7    wire [7:0]out;
8    //RTL instance
9    MyDesign U1(
10       .a_in(a_in),
11       .b_in(b_in),
12       .c_in(c_in),
13       .out(out)
14   );
15   integer fd;
16   initial begin
```

```
17          fd = $fopen("test_data.txt","r"); // 以只读属性打开数据文件
18      end
19      integer i;
20      //generate input
21      initial  begin
22          a_in = 0; b_in = 0; c_in = 0;
23          #(2*CYCLE);
24          for(i=0; i<100; i=i+1)begin    // 读取文件中的数据 a_in,b_in,c_in
25              $fscanf(fd,"%h",a_in);     // 并将数值作为激励赋值给被测电路
26              $fscanf(fd,"%h",b_in);
27              $fscanf(fd,"%h",c_in);
28              #(3*CYCLE);
29          end
30          #(10*CYCLE);
31          $display($time,"sim end!!!");
32          $finish;
33      end
34      endmodule
```

代码的第17行，调用$fopen函数，以只读属性打开文件"test_data.txt"文件。代码的第24～29行，通过for循环执行100次，读出测试文件中的100条数据。第25行，通过$fscanf系统函数，以16进制格式（"%h"表示16进制）读出第一个数值，赋值给信号a_in。同样，第26行和第27行，继续读出数据给信号b_in和c_in。

执行仿真后，如图3-10所示，"Wave"波形窗口中信号a_in、b_in、c_in被正确赋值，产生激励。

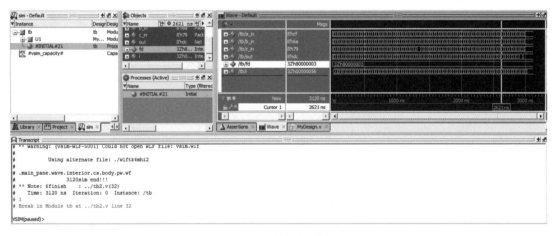

图3-10　仿真波形截图

另外，Verilog还支持存储器加载操作，即通过$readmemh、$readmemb系统函数直接将文本中的数据列表加载到存储器中。$readmemh要求必须加载16进制数据，$readmemb要求必须加载二进制数据。在产生测试向量时，有些数值是客户提供的，例如一些模块的寄存器配置数据，或者一些用户常用场景的数据等。

【例3-15】测试向量的数据需要从文件中读取，应如何编写Testbench代码？

测试向量文件in_data.txt的内容如图3-11所示。

【分析】测试向量文件in_data.txt中只有一列数据，这是输入测试激励的数值，属于二进制数据。所以，可以通过存储器加载的方式获得文件中的测试向量数据。

【实现思路】

① 声明一个存储器变量mem。

② 使用$readmemb系统函数，将文件中的测试向量数据加载到存储器变量mem中。

图3-11 测试向量文件

③ 将存储器变量mem中的数据，赋值给被测电路的输入信号。

代码如下：

```
1      `timescale    1ns/1ns
2     module tb;
3     parameter CYCLE = 10;
4     reg  a,b,c;
5     wire test;
6     //RTL instance
7     rtl_com  rtl_com(
8         .a(a),
9         .b(b),
10        .c(c),
11        .test(test)
12     );
13     //read file
14     reg  [2:0]mem       [0:7];
15     initial begin
16         $readmemb("../in_data/in_data.txt",mem);
17     end
18     //write file
19     integer    out_file;
20     initial begin
21         out_file = $fopen("out_data.txt");
22     end
23     //generate input
24     integer i;
25     initial    begin
26         a = 0; b=0; c=0;
27         #(2*CYCLE);
28         for(i=0; i<8; i=i+1)begin
29             {a,b,c} = mem[i];
30             #(CYCLE);
31             $fdisplay(out_file,"%b,%b,%b,%b",a,b,c,test);
32         end
33         $fclose(out_file);
34         #500;
35         $display($time,"sim end!!!");
```

```
36          $finish;
37      end
38  endmodule
```

代码的第14行，声明了一个存储器变量，位宽是[2:0]，存储器数据深度是8。代码的第16行，通过系统函数$readmemb，将测试文件中的数据都加载到存储器变量中。代码的第29行，依次读取存储器变量中的数据，赋值给信号a、b、c，产生测试激励。

执行仿真后，"Wave"窗口中可以看到，信号a、b、c被正确赋值，产生测试激励（图3-12）。

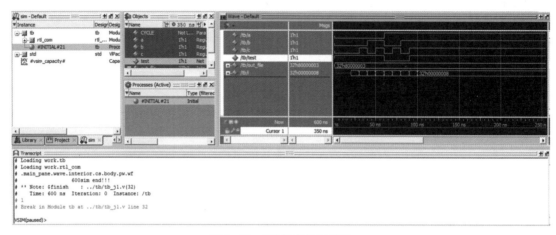

图3-12　仿真执行结果截图

3.2.3　$random系统函数

使用$random系统函数可以生成随机整数，生成的随机整数是32bit有符号的随机数，即随机数范围是$-2^{16} \sim +2^{16}-1$。通过{$random}可以生成无符号的随机数。

例如：

dt = $random%10;　　　　　　　　　　　会产生 $-9 \sim 9$ 的随机整数。

dt = {$random}%10;　　　　　　　　　　会产生 $0 \sim 9$ 的随机整数。

dt = min + {$random}%(max−min+1);　　会产生 min ~ max 的随机整数。

【例3-16】采用随机验证的方法，随机生成测试向量的数据，应如何修改Testbench代码？

代码如下：

```
1   `timescale    1ns/1ns
2   module tb;
3   parameter CYCLE = 10;
4   reg  a,b,c;
5   wire test;
6   //RTL instance
7   rtl_com    rtl_com(
8       .a(a),
9       .b(b),
10      .c(c),
```

```
11          .test(test)
12      );
13      integer i;
14      //generate input
15      initial    begin
16          a = 0; b=0; c=0;
17          #(2*CYCLE);
18          for(i=0; i<100; i=i+1)begin
19              {a,b,c} = {$random}%8;
20              #1;
21              $display($time,"\ta=",a,"\tb=",b,"\tc=",c,"\ttest=",test);
22              #(CYCLE-1);
23          end
24          #500;
25          $display($time,"sim end!!!");
26          $finish;
27      end
28      endmodule
```

代码的第19行，通过调用系统函数 $random，生成随机值，赋值给信号a、b、c，产生测试激励。代码的第21行，将信号a、b、c以及输出信号test的数值打印显示到屏幕。

执行仿真后，如图3-13所示，"Wave"波形窗口中，信号a、b、c被赋予随机值，产生测试激励，"Transcript"窗口中也打印显示了产生的随机测试激励的情况。

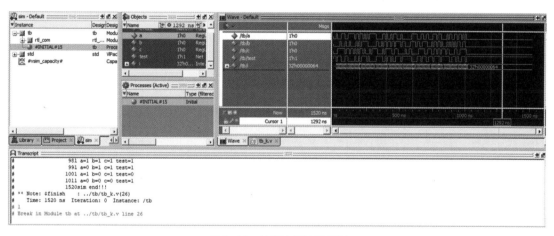

图3-13　仿真执行结果截图

习题

1. assign语法和always语法分别可以用于什么电路（组合电路、时序电路）？

2. timescale语法的作用是什么？

3. parameter语法的作用是什么？一般用于哪些场景？

4. 简述fork...join语法的三种用法。

5. 简述event语法的用法。

## 第 4 章

被测电路功能点 Case 抽取

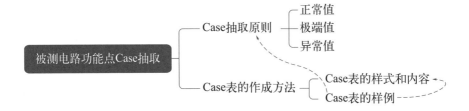

对被测电路进行功能验证时，需要给被测电路输入激励。输入激励一般分为固定激励和随机激励两种。其中，固定激励顾名思义就是给被测电路输入固定的值，随机激励就是产生随机值输入给被测电路，后续章节中会有针对随机激励的详细介绍，本章重点介绍固定激励。使用固定激励的验证方法可以快速覆盖各种边角情况，提高验证的效率。以下内容都是围绕固定激励进行介绍。

在搭建验证环境之前，需要首先对被测电路的功能点进行抽取，通常称为 Case 抽取；然后根据各个功能点的验证方法做出验证项目表，通常称为验证 Case 表；搭建好验证环境之后根据验证 Case 表设计验证 Pattern，进行各个功能点的验证。

本章首先介绍 Case 抽取原则，接着讲解如何做验证 Case 表，这些介绍对于搭建简单验证环境的初学者来说是很有用的。

4.1 | Case抽取原则

验证初期是被测电路和验证环境相互验证的过程，因此通常先进行固定激励的验证，这是由于固定激励简单明确，可以早期快速地发现被测电路基本功能以及验证环境是否有问题。通常的做法是先对被测电路的功能点进行抽取，然后针对每个功能点进行固定激励的验证。对哪些固定值进行验证很关键，因为不可能将输入的全部情况都使用固定激励的方式进行验证，这在时间上是不允许的。Case抽取通常有以下3条原则。

■ （1）正常值

正常值就是能够让电路正常运作的普通值。

■ （2）极端值

极端值就是能够让电路正常运作的边角值。比如：最大值、最小值、次大值、次小值。

■ （3）异常值

异常值就是不符合常规的输入值，正常情况下不应该给这样的异常输入，但是通常还是有必要特意给些异常值，看看在这种情况下电路会不会有死机等状态。比如像洗衣机有用户手册，手册中会明确给出使用说明，使用时正常按照规定步骤进行操作就不会有问题，但是如果有人不按这个步骤进行操作，就是异常操作，这种情况下洗衣机是否就死机不能使用了？所以需要针对这种异常情况进行测试。被测电路也是一样，给异常的输入，这时输出也不正常，这种异常的情况下，电路设计是需要对应的，不能让电路就停在那里不能使用了，因此针对这种情况，有必要进行异常值的验证。

【例4-1】被测电路的功能：一个除法器，输入信号是a[7:0]、b[3:0]，输出信号是c[3:0]。实现的逻辑是c=a/b。请按照Case抽取原则，给这个被测电路施加激励。

【分析】上述除法器有2个输入信号，输入信号a[7:0]可取的范围在0 ~ 255之间，输入信号b[3:0]是除数不能为0，所以它可取的范围在1 ~ 15之间，分析之后可以按照上面的3条Case抽取原则从数值范围中选取正常值、极端值以及异常值。

【实现思路】

① 可以选取如下所示的正常值，当然也可以选择其他值。

a[7:0]：8'h55, 8'hAA

b[3:0]：4'h6, 4'hC

② 选择如下所示的极端值。

极大值：

    a[7:0]：8'hFF

    b[3:0]：4'hF

极小值：

    a[7:0]：8'h00

    b[3:0]：4'h1

③ 选择如下所示的异常值。

b[3:0]：4'h0

```
1    parameter CYCLE = 10;
2
3    initial    begin
4        #(10*CYCLE);
5        //normal value
6        a = 8'h55;
7        b = 4'h6;
8        #(10*CYCLE);
9        a = 8'hAA;
10       b = 4'hC;
11       #(10*CYCLE);
12
13       //max value
14       a = 8'hFF;
15       b = 4'hF;
16       #(10*CYCLE);
17
18       //min value
19       a = 8'h00;
20       b = 4'h1;
21       #(10*CYCLE);
22
23       //abnormal value
24       a = 8'h88;
25       b = 4'h0;
26       #(10*CYCLE);
27   end
```

4.2 Case表的制作方法

Case抽取情况需要整理到一个表格中，这个表格通常称为验证Case表。在验证Case表中需要明确列出要验证的功能点，为了验证每条功能点需要怎样设置输入，采用什么样的验证方法，结果检查的方法，以及测试Pattern名。

以【例4-1】的除法器为例，可以整理出如表4-1所示的验证Case表。

表4-1 【例4-1】除法器的验证Case表

功能			验证			
大条目	中条目	小条目	输入设定值	验证方法	CHECK方法	测试Pattern名
除法功能	正常值	—	a[7:0]: 8'h55, 8'hAA b[3:0]: 4'h6, 4'hC	检查输出c[3:0]和期待值是否一致	期待值	Pattern1

功能			验证			
大条目	中条目	小条目	输入设定值	验证方法	CHECK方法	测试 Pattern名
除法功能	极端值	极大值	a[7:0]：8'hFF b[3:0]：4'hF	检查输出c[3:0]和期待值是否一致	期待值	Pattern2
		极小值	a[7:0]：8'h00 b[3:0]：4'h1	检查输出c[3:0]和期待值是否一致	期待值	Pattern3
	异常值	—	a[7:0]：8'h88*1 b[3:0]：4'h0	检查电路是否死机	波形目视	Pattern4

*1：a[7:0]也可以取其他值。

习题

1. 验证Case抽取的原则有哪些？

2. 被测电路的功能：一个除法器，输入信号是a[15:0]，b[7:0]，输出信号是c[7:0]，实现的逻辑是c=a/(b-4)。请按照Case抽取原则，给这个被测电路施加激励。

3. 请做出上述第2题的验证Case表。

## 第 5 章

断言

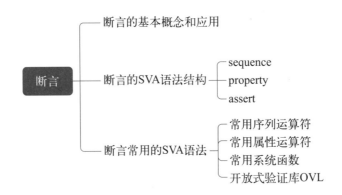

断言在软件开发过程中已经得到了广泛应用。1995 年左右，断言的概念被引入硬件开发过程中。硬件验证中断言的概念是对设计对象的属性特性或行为特性的描述，这些特性保证了硬件能够正常工作。断言一般只用于仿真阶段，不会被综合，因此不占用硬件资源。如果一个在验证过程中被检查的属性与期望不一致，则断言失败；如果一个在设计中被禁止出现的属性，在验证过程中出现了，则这个断言失败。当断言在仿真过程中失败时，错误报告可以方便用户很快地找到出错的原因，这比直接观察仿真波形更加方便。

本章首先介绍断言的基本概念和应用，接着讲解断言的语法结构，最后对常用的断言语法进行介绍，这些内容对于初学断言的验证工程师是很有用的。

5.1 断言的基本概念和应用

断言属于一种验证方法，是用于检查被测电路中信号行为是否正确的观察器。断言在验证流程中使用了很长时间，目前已经发展出多种方式可以实现。用户可以使用传统的 Verilog HDL 或者 VHDL 来实现这种观察器，但是这种实现方式有很多弊端。首先，用 Verilog HDL 或者 VHDL 编写复杂时序的断言非常困难；其次，用 Verilog HDL 或者 VHDL 编出的断言可能与被测电路的实现方式相同，进而包含相同的错误，这样就可能导致无法检测出被测电路的错误。由于以上原因，开发编写断言专用验证语言就显得尤为重要了。

SVA（SystemVerilog Assertion）正是满足上述要求的语言。SVA 是 SystemVerilog 的一个子集，专门用来描述设计的属性。SystemVerilog 是由 Accellera 组织制定的，Accellera 下的 SystemVerilog 委员会成员来自模拟器、合成器、验证方法等厂商，以及 IEEE 1364 Verilog 标准小组、资深设计与验证工程师。在 SystemVerilog 中，断言与被测设计或测试平台中的过程性代码不同，它是使用描述性语言表达的。SVA 作为一种描述性语言，它受到以前一些类似语言［包括 Intel 公司的 ForSpec、Motorola 公司的 CBV 和 Synopsys 公司的 OpenVera Assertion（OVA）］的影响，还受到 Accellera 曾试图把性质描述语言（PSL）和 SVA 这两种断言语言整合的影响。

根据实现形式的不同，断言大致可以分为两类：基于 SVA 语言用户自己定义的断言和基于库的断言。基于 SVA 语言用户自己定义的断言通过具有简洁语法和明确定义的形式语义的性质描述语言来描写，特点是灵活、可以精确描述设计的属性，但是这种方法需要花费一定的时间才能熟练应用。断言库把常用的一些断言以库的形式表示，这样可以节省时间，但是基于库的断言只包括一些最常用的断言，库的实现受到了结构和语义的限制，因此不能直接对库中的断言监视器进行扩展。当需要描述的特性不能直接通过实例化断言库中的断言监视器实现时，只能通过增加新端口和参数来实现新的断言特性。此外，属性断言库中断言监视器的端口及参数的意义和用法也需要花费一定的时间学习。但是无论是用户自己定义的断言还是基于库的断言，都可以通过仿真来验证设计是否满足所要求的行为。

断言可以应用于两种地方：被测电路的内部信号，包括内部模块间的接口信号；被测电路的外部信号，这种外部的接口可以是标准的，也可以是自定义的。将断言应用于内部信号必须对设计的内部结构有详尽的了解。因此，最好由电路的设计者本人插入这类断言。在被测电路的外部接口上插入断言相当于把被测电路看作一个黑盒，因为在此只关心设计功能的正确性，不关心设计功能的具体实现方式。断言作为测试平台的一部分，通常由验证工程师编写。本章后续部分都是针对外部接口的断言进行讨论。

5.2 断言的 SVA 语法结构

5.2.1 SVA 基本结构

断言分为即时断言和并发断言两种。即时断言是一个表达式的测试，这个表达式是非时序的，并且按照与一个过程化的 if 语句的条件表达式相同的方式解释，可以在 initial、 always、task、function中使用。并发断言描述了包括时序的行为。与即时断言不同，并发断言仅在一个时钟标记出现的时候被计算。在计算中使用的变量值是采样的值。可以根据是否包含属性来区分即时断言和并发断言。

一个标准的SVA结构通常包含三个关键词：序列（Sequence）、属性（Property）和断言（Assert）。在任何设计中，功能总是由多个逻辑设计的组合表示的。SVA中用Sequence表示这些逻辑事件，多个逻辑事件的组合可以用多个序列的组合表示。序列可以是同一个时钟沿被求值的逻辑表达式，也可以是经过多个时钟周期求值的事件。一个简单的序列表达式如下所示。其中，s1是序列的名字，该序列用来表示信号a为高之后，经过2个时钟周期，信号b为高。

```
1    sequence s1;
2        @(posedge clk) a ##2 b;
3    endsequence
```

SVA用Property定义多个序列的逻辑组合或有序组合，属性表示了设计中复杂的有序行为。Sequence是Property的基本构件模块，Property可以直接包含Sequence，复杂的Property也可以独立声明多个Sequence。以下是一个简单属性的例子。

```
1    property p1;
2        @(posedge clk) s1;
3    endproperty
```

@(posedge clk)的定义可以在seq（sequence）中、property中或者在assert中。通常来说，建议在property中定义clocking，并使得seq与clocking独立，即将s1定义为如下：

```
1    sequence s1;
2        a ##2 b;
3    endsequence
```

属性是在仿真过程中验证的单元，必须在仿真过程中被断言才能发挥作用。SVA用Assert检查属性。以下是一个断言的例子。

```
a1 : assert property(p1);
```

在实际应用时，序列不是必需的，可以直接把序列中的表达式写在属性定义中。同样也可以把定义了时钟的序列直接应用到断言的陈述中而不单独定义一个属性。

5.2.2　SVA与设计的连接

可以使用以下两种方法将SVA与被测电路连接起来。
① 在模块中内建或内联SVA。
② 将SVA与模块、模块实例或一个模块的多种实例绑定（bind）。
第一种方法直接将序列、属性和断言语句插入设计中，当设计比较复杂时，可以把SVA插入被测电路相应的源代码附近，这样易于错误调试。
第二种方法提供了一种"非插入"的方法，将SVA与设计代码分离，不用修改任何设计代码，为SVA建立一个独立的模块，这种验证代码和设计代码分离的方式使代码维护变得更简单，便于代码重用。一个SVA模块的定义实例如下所示。

```
1   module sva_checker(clk, sig0, sig1);
2   input logic clk, sig0, sig1;
3
4   property p1;
5       @(posedge clk) sig0 ##2 sig1;
6   endproperty
7
8   a1: assert property(p1);
9   endmodule
```

被测电路的模块定义如下，其外部接口sig1是SVA要验证的对象。

```
1   module top(clk, sig0, sig1);
2   input clk, sig0;
3   output sig1;
4   reg sig_tmp;
5   always @(posedge clk) begin
6       sig_tmp <= sig0;
7       sig1 <= sig_tmp;
8   end
9   endmodule
```

测试平台的顶层模块如下所示。

```
1   module tb_top;
2   bit clk, sig0, sig1;
3   //generate clk
4   initial begin
5       clk = 1'b0;
6       forever #10 clk = ~clk;
7   end
8   //generate input value for sig0
9   initial begin
10      sig0 = 1'b0;
11      #20; sig0 = 1'b1;
12      #20; sig0 = 1'b0;
13      #20; sig0 = 1'b1;
14      #20; sig0 = 1'b0;
15      #1000;
16      $finish;
17  end
18
19  //instance DUT
20  top U0_DUT(clk, sig0, sig1);
21
22  //bind DUT and SVA
```

```
23    bind top sva_checker ast_chk(clk, sig0, sig1);
24
25    endmodule
```

上面的SVA与DUT代码是分开的，进行单独的定义，之后通过bind连到一起，这里有一点需要注意的是不一定要绑定所有信号，绑定断言检查时必需的信号就可以。bind时使用的是设计实例化时连接端口的实际信号名，不是设计定义时指定的端口名，如果设计实例化时也是原端口名，则可以继续使用。

如下所示bind有多种连接形式。module_name和instance_name用于指定被测电路的模块名或者实例化名；checker_name用于指定监测模块名，即定义断言属性的模块，即SVA模块；checker_instance_name用于指定监测模块的实例化名；design_signals用于指定将要监测的模块的信号。如果bind时使用具体的实例化名，那么SVA仅可与特定的实例化设计绑定，与同一模块的其他实例化不能绑定；如果bind时使用的是待测设计定义时指定的名字（module_name），那么assertion将可与该待测设计所有的实例化关联。

```
1    bind <module_name or instance_name> <checker_name> <checker_instance_name>
< (design_signals)>
```

5.3 断言中常用的SVA语法

5.3.1 SVA基本语法

SVA中定义了许多常用序列运算符，表5-1对常用序列运算符进行了总结。

表5-1 SVA常用序列运算符

运算符	功能
##m	延迟m个采样时钟 例如："a ##2 b"表示a有效之后，2个时钟周期后b必须有效
##[m:n][1]	延迟m到n个采样时钟 例如："a ##[1:3] b"表示a有效后，1～3个时钟周期内b有效
[*m]	连续重复m次 例如："a [*3]"表示a在连续3个时钟周期内都有效
[*m:n][1]	连续重复m到n次 例如："a [*1:3]"表示a在连续1～3个时钟周期内都有效 等价于 a or (a ##1 a) or (a ##1 a ##1 a)
[=m]	重复m次，但不需要在连续周期内发生 例如："a[=3] ##1 b"表示a有效3次，间隔不连续个采样时钟周期，b在a最后一次发生后最小间隔1个时钟后有效
[=m:n][1]	重复m到n次，但不需要在连续周期内发生 例如："a[=1:3] ##1 b"表示a有效1～3次，间隔不连续个采样时钟周期，b在a最后一次发生后最小间隔1个时钟后有效

运算符	功能
[->m]	跳转重复m次，不连续 例如："a[->3] ##1 b"表示a有效3次，间隔不连续个采样时钟周期，b在a最后一次发生后间隔1个时钟后有效
[->m:n]❶	跳转重复m到n次，不连续 例如："a[->1:3] ##1 b"表示a有效1到3之间任意数次，间隔不连续个采样时钟周期，b在a最后一次发生后间隔1个时钟后有效
sig1 throughout seq1	在seq1匹配的时间内sig1一定是匹配的 例如："c throughout (a##2 b)"表示a为"真"后的2个时钟周期之后，b为"真"的过程中c一直为"真"
seq1 within seq2	seq1一定要包含在seq2中 例如："a[=3] within b[->1]"表示在b第一次为"真"之前，a必须在3个时钟周期（可以不连续）内为"真"
seq1 intersect seq2	seq1和seq2要同时开始同时结束 例如："(a ##[1:3] b) intersect (c ##2 d)"表示a和c在第1个时钟标记处为"真"，b在第2～4个时钟标记处为"真"，d在第3个时钟标记处为"真"，并且b与d要同时为"真"
seq1 and seq2	seq1和seq2是同时发生的，在seq1和seq2全通过时断言才匹配 例如："(a ##[1:3] b) and (c ##2 d)"表示a和c在第1个时钟标记处为"真"，b在第2个或第3个时钟标记处为"真"，并且d在第3个时钟标记处为"真"，那么序列在第3个时钟标记处匹配；如果a和c在第1个时钟标记处为"真"，b在第4个时钟标记处为"真"，并且d在第3个时钟标记处为"真"，那么序列在第4个时钟标记处匹配
seq1 or seq2	seq1和seq2同时发生，只要seq1或者seq2任意一个通过则断言匹配 例如："(a ##[1:2] b) or (c ##2 d)"表示如果a在第1个时钟标记处为"真"，b在第2个时钟标记处为"真"，那么序列就在第2个时钟标记处匹配；如果a在第1个时钟标记处为"真"，b在第3个时钟标记处为"真"，或者c在第1个时钟标记处为"真"，d在第3个时钟标记处为"真"，那么序列就在第3个时钟标记处匹配

❶：在这里n>=m>=0，并且n可以为$，用于指定open ended（无边界）。

属性运算符将序列表达式构造为属性。序列本身也可以成为属性。SVA中也定义了属性运算符，如表5-2所示。属性一旦被实例化，就必须有一个时钟与之相关联。

表5-2　SVA常用属性运算符

运算符	功能
|->	交叠蕴含，如果左边的运算子成立，那么右边的运算子才会被计算；如果左边的运算子不成功，那么整个属性就会被默认为成功，这叫作"空成功"，不执行后续运算子 例如："@ (posedge clk) a |-> b"表示如果a为"真"，那么断定b会立即为"真"
|=>	非交叠蕴含，如果左边的运算子成立，那么在下一个时钟周期右边的运算子才会被计算；如果左边的运算子不成功，那么整个属性就会被默认为空成功 例如："@ (posedge clk) a |=> b"表示如果a为"真"，那么断定下一个时钟周期后b会为"真"
not p	逻辑"非" 例如："a |-> not(##[1:3] b)"表示当a为"真"时，b必须在其后第1～3个周期为"假"
p1 and p2	逻辑"与"，p1、p2为属性
p1 or p2	逻辑"或"，p1、p2为属性

运算符	功能
if(b) p1 else p2	if-else条件判定运算符，用法和SystemVerilog相同，b为布尔表达式，p1、p2为属性
disable iff(b)	有条件取消（disabling）。如果b当前值为"真"（b的值不是由时钟采样得到，而是异步得到的），它将会优先于任何正在进行的计算尝试，使其属性定为无意义的空成功

在默认情况下，当属性在property语句中被实例化或者内嵌时，属性会在与其关联的时钟的每个时钟标记处都进行一次新的计算尝试。而如果将property语句放在initial块中，则只在第1个时钟标记处对该property语句进行一次计算。根据属性的具体结构，每一次计算尝试都会产生一个或多个计算线程。产生多个计算线程的原因如下。

① 拼接或重复运算符中存在时间间隔，或由于逻辑"或"运算符的使用，使得计算时，属性有多个选择。

② 由于（前项）布尔表达式为"真"，使得多个计算线程能持续存在。

当序列成功地到达自身的结束点（或是其中的一个结束点）时，序列便实现了观察路径上的匹配。对于一个给定的计算尝试来说，一个序列可能存在多个匹配，这是能成功到达序列结束点的线程有多个的原因。

5.3.2 系统函数

SVA中提供了一些系统函数可以直接调用，表5-3中整理了一些常用的系统函数。

表5-3　SVA常用系统函数

函数名	功能
$rose	上升沿检测，从0或x或z变为1 例如："@(posedge clk) $rose(a)"表示在clk上升沿时，a存在从0或x态或高阻态变为1的过程，也就是在clk上一个上升沿时a是0或x态或高阻态，在当前clk上升沿时是1
$fell	下降沿检测，从1或x或z变为0 例如："@(posedge clk) $fell(a)"表示在clk上升沿时，a从1或x态或高阻态变为0的过程，也就是在clk上一个上升沿时a是1或x态或高阻态，在当前clk上升沿时是0
$stable	检测当前边沿采样状态和上一边沿采样状态没有发生变化 例如："@(posedge clk) $stable(a)"表示a在当前时钟边沿的状态和上一时钟边沿的状态是一致的，不发生改变
$past	追溯过去任意时钟。时钟的数量是可选的。如果没有指定值，默认情况下是在过去的1个时钟 例如："$past(a, 2)"表示a在当前时钟边沿的前2个时钟边沿处为"真"
$onehot	用于检测表达式中只有1bit为1，其他bit为0或高阻态或x态 例如："$onehot(bus)"表示bus中有且仅有1bit是高，其他是低
$onehot0	检测表达式中所有bit都为0或只有1bit为1 例如："$onehot0(bus)"表示bus中不超过1bit是高，也允许全0
$isunknown	检测信号为高阻态或者x态 例如："$isunknown(bus)"表示bus中存在高阻态或未知态
$countones	统计表达式中bit为1的个数 例如："$countones(bus)=n"表示bus中有且仅有n bits是高，其他是低

函数名	功能
$asserton	开启断言
$assertoff	关闭不处于活动状态下断言
$assertkill	杀死所有断言

5.3.3 覆盖率属性

断言被用来确定期望的行为，但是断言有没有真正地被执行到，可以通过覆盖属性（cover property）语句收集断言覆盖率进行分析判断，其宗旨就是指定功能覆盖率点。

功能覆盖率可以分为两种基本类型：数据/激励覆盖率和协议/行为覆盖率。前者主要关注数据的覆盖率，最好使用覆盖组（covergroup）语句实现；后者主要关注时序覆盖率或被测电路的控制逻辑，最好使用覆盖属性（cover property）语句实现。

由于协议覆盖率自身的时序特点，使得用户通过指定的时域序列可以更加容易地描述和收集协议覆盖率。每个不同的时域序列描述了某个必需的在测试过程中执行到的特征协议要素。协议覆盖率的某些方面最好使用覆盖组（covergroup）结构或是覆盖组（covergroup）结构与序列（sequence）相结合的方式实现。

用于验证局部接口或者FIFO、堆栈、仲裁器等结构的cover property语句可以用来检测特定的信号值序列，这些信号值序列用于识别与协议或对象的行为有关的重要事件。功能覆盖率模型应该包含这些重要事件，以保证它们都能被测试到。

另外，需要注意的一点是只有序列可以被用在覆盖属性（cover property）语句中。如果属性中包含了蕴含操作符，则当蕴含操作符的前项失败时，属性就成功了。但这种成功是无意义的空成功，它并不意味着整个断言的成功。只有真正的断言成功，当蕴含操作符的前项与观察到的行为匹配时，才能用信号表示与属性相关的重要事件的发生。为了排除无意义的成功，最好的方法是在覆盖属性中只使用序列。只有序列的覆盖属性（cover property）语句的例子如下所示。

```
1    c1: cover property(
2        @(posedge clk) (!rst) throughout
3        ($rose(req) ##[1:3] ack));
```

5.3.4 断言验证库

一些属性在各种设计中会经常出现，针对这部分常见的属性验证，用户除了自己定义断言外，还可以使用基于库的断言进行验证。其中，开放式验证库（Open Verification Library，OVL）是断言验证库的一种，它支持采用SystemVerilog、VHDL、Verilog HDL的基于断言的验证。OVL由现有可用的断言监视器集合在一起构成，断言监视器是代码内嵌的一个模块，把这些模块实例化在设计中或者验证环境中，就可以调用它们检查特定的设计属性。在实例化这些模块之前，需要清楚该模块的作用、参数和输入信号的意义，这些信息可以通过查阅专用的OVL文档获取，该文档一般可以在库的安装包里获得。

习题

1. 请用断言检查下面的时序关系。

（1）当信号a在某一个时钟周期由低电平变为高电平时；

（2）在接下来的1～3个时钟周期内，信号b也应该由低电平变为高电平。

2. 请用断言检查下面的时序关系。

（1）当信号a在某一个时钟周期由低电平变为高电平时；

（2）经过2～4个时钟周期后，信号b也变为高电平并保持3个周期后，信号c变为高电平。

3. 请用断言检查下面的时序关系。

（1）当信号a在某一个时钟周期由低电平变为高电平时；

（2）4个时钟周期后，信号c的值会是信号b的4个周期前的值+1；

（3）而且再过3个周期，信号d一定会变高，并且会维持3个周期。

4. 请用断言检查下面的时序关系。

（1）当信号a在某一个时钟周期有效时；

（2）经过1～5个周期，信号b为高电平；

（3）信号b只维持1个周期的高脉冲；

（4）信号b的2次高脉冲的时间间隔不会小于10个时钟周期。

5. 请用断言检查下面的时序关系，并编写简单的Testbench验证仿真结果。

（1）enable信号有效期间（高电平有效），count开始动作，每个周期加1；

（2）当count加到10之后，enable变成低电平，count清0。

带有约束条件的随机激励

▶▶ 思维导图

```
                           ┌── 随机激励的概念和应用
                           │
                           │                          ┌── 数据信号
带有约束条件的随机激励 ──────┼── 随机激励的约束条件分类 ──┤
                           │                          └── 控制信号
                           │
                           └── 随机激励的实例和实现方法
```

6.1 随机激励的概念和应用

　　前面章节提到了集成电路验证按照验证方法来分类，可以分为直接验证和随机验证。直接验证通常按照设计规格书中的电路功能直接列举出一些测试向量，来测试这些功能是否正确，这种方法由于测试向量的种类有限，所以很可能有些情况测试不到。随机验证通过随机函数能够生成很多随机测试向量，这种方法测试的情况更多，因此会验证得更充分。但是随机验证也存在一些缺陷，一些特殊的情况（例如总线数据的极大值和极小值，一些特殊的时序组合，一些特殊的应用场景等）很难随机到，或者需要花费特别长的时间才能随机到。因此，在验证项目工程中，通常使用直接验证和随机验证相结合的方法，通过直接验证方法将通常的一些功能情况以及极值情况都验证到，通过随机验证方法在各个功能范围内进行多次随机，产生更多的随机值进行充分验证。另外，基本功能验证结束后，进入长时间仿真阶段，需要更长的时间通过随机验证产生更多的随机值，进行充分验证。

随机激励可以通过Verilog HDL的$random系统函数生成随机值，但是工程项目中一般不能简单地进行全随机。因为被测电路正常动作时，输入条件通常会有一些要求和限制，同时为了提高验证效率，会尽量长时间地使被测电路处于正常工作状态，间歇性地使被测电路处于空闲状态或无效状态，所以通常产生随机激励时需要加以约束条件。

6.2 随机激励的约束条件

受约束的随机激励的意义有以下两方面：

① 用户功能手册对被测电路的输入条件具有一定的约束，需要按照用户功能进行测试。

② 为了提高验证效率，需要对被测电路存在较大风险的地方进行大量激励，对风险小的地方可以少量激励。所以，需要在一定范围内的激励约束。

随机激励的约束条件可以根据被测电路输入端口信号的功能进行分类。大致可以分为以下两类：

① 当输入端口信号表示数据信号时，需要根据数据范围要求进行约束。例如：被测电路的输入地址总线信号Addr[15:0]，用于选择内部寄存器，内部寄存器的地址范围是16'h8000 ～ 16'h81FF，那么随机生成Addr[15:0]的激励时，需要满足该范围要求。

② 当输入端口信号表示控制信号时，需要根据控制信号的时序要求进行约束。例如：被测电路的输入写有效WE，用于控制内部寄存器的写操作，不允许连续写操作，要求2次写操作的间隔大于3个时钟周期，那么随机生成WE的激励时，需要满足这一时序制约。

【例6-1】被测电路的输入信号a[7:0]参与内部逻辑运算，考虑到极端值时逻辑运算出错的风险较大、中间值的风险较小，所以希望极大值和极小值附近的随机概率大一些，例如，随机范围0 ～ 9的概率占1/4，随机范围246 ～ 255的概率占1/4，其他中间数的概率占1/2。请通过Verilog编写代码生成信号a[7:0]的随机激励。

【分析】因为信号a[7:0]表示数据信号，需要对其数据范围进行约束。如果对信号a[7:0]进行全随机时，随机的范围是0 ～ 255，而且在整个范围内是等概率的。现要求整个范围分为3段，每段的概率分别是1/4、1/2、1/4，由于产生随机数是等概率的，所以可以先随机生成0 ～ 3，那么生成0的概率是1/4，生成1和2的概率是1/2，生成3的概率是1/4。然后在各段内再随机生成具体的数值，例如：当前面随机生成0的时候，这次就在0 ～ 9范围内进行随机；当前面随机生成1或2的时候，这次就在10 ～ 245范围内进行随机；当前面随机生成3的时候，这次就在246 ～ 255范围内进行随机。

【实现思路】

① 随机生成变量m，随机范围0 ～ 3。

② 当m==0时，随机生成变量a，随机范围0 ～ 9。

③ 当m==1或m==2时，随机生成变量a，随机范围10 ～ 245。

④ 当m==3时，随机生成变量a，随机范围246 ～ 255。

⑤ 循环①～④，产生多组随机激励值。

代码片段如下：

```
1    `timescale  1ns/1ns
2    module tb;
```

```
3      parameter CYCLE = 10;
4      reg [7:0] a;
5      reg [1:0] m;
6      integer i;
7      initial    begin
8          m = 0;
9          a = 0;
10         #(10*CYCLE);
11         for(i=0; i<1000; i=i+1)begin
12             m = {$random}%4;
13             case(m)
14                 0:    a = {$random}%10;
15                 1,2: a = (($random}%236) + 10;
16                 3:    a = (($random}%10) + 246;
17             endcase
18             $display(a);
19             #(CYCLE);
20         end
21     end
22     endmodule
```

执行仿真后，如图6-1所示，从"Transcript"窗口中可以看到随机生成的数据，范围在10以下、246以上的数据出现了很多。

图6-1 仿真执行结果截图

【例6-2】被测电路实现逻辑运算test[7:0] = c[7:0]/(a[3:0]-b[3:0])，其中，a[3:0]、b[3:0]、c[7:0]为输入信号，test[7:0]为输出信号。请通过Verilog编写代码生成信号a[3:0]、b[3:0]、c[7:0]的随机激励。

【分析】因为信号a[3:0]、b[3:0]、c[7:0]表示数据信号，需要对其数据范围进行约束。被测电路实现除法运算，我们知道除法运算时除数不可以为0，所以在对信号a[3:0]、b[3:0]、c[7:0]进行随机时，需要保证a[3:0]不等于b[3:0]。

【实现思路】

① 对输入信号c[7:0]，临时变量a1[3:0]、b1[3:0]进行全随机。

② 当随机出约束情况（a1 == b1）时，重新随机a1[3:0]、b1[3:0]。

③ 当随机出a1[3:0]、b1[3:0]的值符合约束要求时，将临时变量a1[3:0]、b1[3:0]赋值给输入信号a[3:0]、b[3:0]。

④ 循环①~③，产生多组随机激励值。

代码片段如下：

```
3     parameter CYCLE = 10;
4     reg [3:0] a;
5     reg [3:0] b;
6     reg [7:0] c;
7     reg [3:0] a1;
8     reg [3:0] b1;
9     integer i;
10    //generate input
11    initial  begin
12        a = 0; b = 0; c = 0;
13        #(10*CYCLE);
14        for(i=0; i<1000; i=i+1)begin
15            a1 = {$random} % 16;
16            b1 = {$random} % 16;
17            c  = {$random} % 256;
18            while(a1==b1)begin
19                a1 = {$random} % 16;
20                b1 = {$random} % 16;
21            end
22            a = a1;
23            b = b1;
24            $display("%d,%d,%d",a,b,c);
25            #(CYCLE);
26        end
27    end
```

代码的第15~17行，先通过$random系统函数随机生成a1、b1、c的值。第18~21行，判断a1和b1是否相等，如果相等的话，继续随机出a1和b1的值。第22行和第23行，将a1和b1的值赋给a、b。第24行，打印显示出随机生成的a、b、c的值。

执行仿真后，如图6-2所示，"Wave"波形窗口中，信号a、b、c的数值被随机生成，"Transcript"窗口中显示了随机生成的信号a、b、c的数据，这些数据都符合约束条件。

【例6-3】被测电路是一个多功能计数器，带有加载初始值功能，当输入信号load为高电平时，加载初始值。根据被测电路的规格书要求，load信号的高脉冲维持时间不大于3个时钟周期，而且2次高脉冲的间隔不能小于10个时钟周期。请通过Verilog编写代码生成load信号的随机激励。

【分析】因为信号load表示控制信号，当该信号有效时，执行加载功能，所以需要对其信号的时间间隔进行随机。根据要求，load信号的高脉冲维持时间不大于3个时钟周期，那

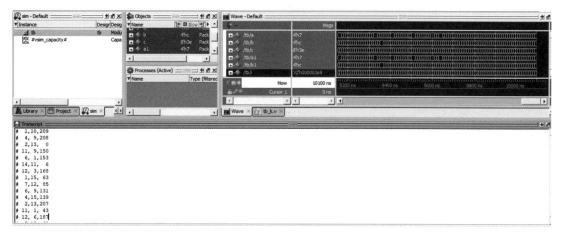

图6-2 仿真执行结果截图

么高电平的随机范围是1～3个时钟周期。load信号的2次高脉冲的间隔不能小于10个时钟周期，那么低电平需要大于或等于10个时钟周期，可以将随机范围设定为10～100个时钟周期。

【实现思路】

① 初始化（load = 0）并等待一段时间。

② 随机生成load信号的高电平时间t1（t1=1～3）和低电平时间t2（t2=10～100）。注：t1和t2的单位是时钟周期。

③ load = 1。

④ 等待t1个时钟周期。

⑤ load = 0。

⑥ 等待t2个时钟周期。

⑦ 循环②～⑥，产生多组随机激励值。

代码片段如下：

```
3     parameter CYCLE = 10;
4     reg  load;
5     integer i;
6     reg [7:0] t1,t2;
7     //generate input
8     initial    begin
9         load = 0;
10        #(10*CYCLE);
11        for(i=0; i<1000; i=i+1)begin
12            t1 = ({$random} % 3)+1;
13            t2 = ({$random} % 101)+10;
14            load = 1;
15            #(t1*CYCLE);
16            load = 0;
17            #(t2*CYCLE);
18        end
19    end
```

代码的第12行和第13行，通过系统函数$random随机生成load信号的高电平时钟周期数t1和低电平时钟周期数t2。代码第14～17行，生成load信号的高电平和低电平。

执行仿真后，如图6-3所示，"Wave"波形窗口中load信号按照约束条件生成了多组时序波形。

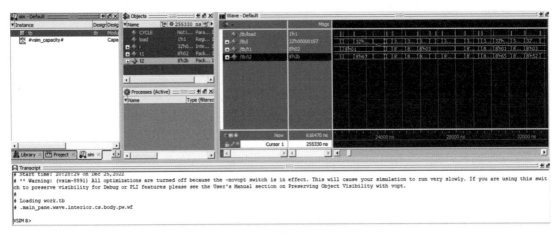

图6-3　仿真执行结果截图

习题

1. 简述约束条件的意义。

2. 简述约束条件的2个分类。

3. 有一个C-BUS总线接口电路，输入端口信号包括Addr[15:0]（地址），Data[7:0]（数据），WE（写有效），RE（读有效）。电路要求Addr的范围是16'h8000～16'h81FF；WE要求2次写操作的间隔要大于3个时钟周期，每次WE有效2~3个周期；RE要求2次读操作的间隔要大于3个时钟周期，每次RE有效2~3个周期；WE和RE不可以重叠，WE和RE的间隔要大于3个时钟周期。请通过Verilog代码实现这些端口信号的随机激励。

## 第 7 章

覆盖率

▶▶ 思维导图

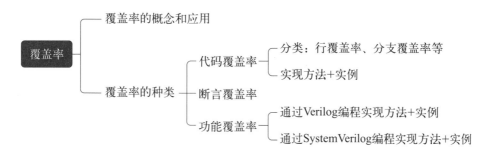

7.1 覆盖率的概念和应用

在传统的验证过程中，验证充分性是靠测试人员的经验保证的。随着芯片规模越来越大，芯片功能越来越复杂，以及一次性流片费用的增加，怎样解决判断验证充分性的问题逐步成为业内验证工作的热门话题。

随着验证方法学的发展，覆盖率作为一种判断验证充分性的手段已成为验证工作的主导。覆盖率工具会在仿真过程中收集信息，然后进行后续处理得到覆盖率报告。验证工程师通过覆盖率报告找出没有覆盖到的区域，接着修改现有测试向量或者创建新的测试向量来填补这些盲区。另外，通过增加随机测试的运行时间，产生更多的随机测试向量，也可以增加覆盖率。每一次运行测试Case，都会得到对应的覆盖率结果数据，最终运行完所有的测试Case，把这些覆盖率结果数据合并，就能得到最终的覆盖率报告。一般的项目工程都要求最终的验证覆盖率达到100%覆盖，以保证所有的代码和功能都被测试到。

另外，关于覆盖率，有以下几点说明：

① 验证覆盖率只是为了证明验证是否已经完成。

② 验证覆盖率达标不能说明验证是完备的，但验证覆盖率不达标则说明验证很有可能是不完备的。

③ 验证覆盖率指标包括代码覆盖率（code coverage）和功能覆盖率（function coverage）。100%代码覆盖率+低于100%的功能覆盖率，则说明验证不完整；低于100%的代码覆盖率+100%功能覆盖率，则说明代码有冗余或功能点抽取不足。

7.2 覆盖率的种类

覆盖率可以分为代码覆盖率、断言覆盖率和功能覆盖率三大类。

7.2.1 代码覆盖率

代码覆盖率最终的结果用于衡量被测电路中的多少代码被测试到了。未被测试的设计代码里可能隐藏硬件漏洞，也可能仅仅就是冗余的代码。代码覆盖率的被检测对象是被测电路的RTL代码，可以通过设置仿真工具，在运行仿真的过程中自动生成覆盖率报告，不需要自定义收集条件。代码覆盖率到达100%，并不意味着验证的工作已经完成，但是代码覆盖率100%是验证工作完备性的必要条件。代码覆盖率主要包括以下几种：

① 行覆盖率（Line coverage）：衡量被测电路的代码行的覆盖情况。比如，被测电路有100行代码，仿真过程中只执行到了其中的90行，那么覆盖率就是90%。

② 分支覆盖率（Branch coverage）：衡量被测电路代码中的分支覆盖情况，包括："if-else语句"覆盖情况，"case语句"覆盖情况，三元操作符"?:"覆盖情况。

③ 条件覆盖率（Conditional coverage）：当判定式中有多个条件时，要求每个条件的取值均得到验证。这里的条件覆盖率很容易与分支覆盖率产生混淆，为了方便区别，下面举一个例子加以说明。被测电路中的一段代码如下：

```
if ((a<150)||(b<200))begin
… …
end
```

如果为了验证分支覆盖率，只需要验证if语句的各个分支的条件成立和不成立，所以只需要产生以下两种情况就可以使分支覆盖率达到100%。

```
（1）a=10，b任意    //if条件成立
（2）a=180，b=210   //if条件不成立
```

如果为了验证条件覆盖率，需要验证if语句的各个分支中的条件分量成立和不成立，所以需要产生以下四种情况就可以使条件覆盖率达到100%。

```
（1）a=10，b=20     //a<150成立，b<200成立
（2）a=180，b=20    //a<150不成立，b<200成立
```

```
（3）a=10，b=210      //a<150 成立，b<200 不成立
（4）a=180，b=210     //a<150 不成立，b<200 不成立
```

④ 翻转覆盖率：表明代码中信号的0到1和1到0的翻转情况。

⑤ 状态机覆盖率：表明状态机中各个状态的覆盖情况。

一般的验证项目中，只要求行覆盖率和分支覆盖率达到100%。

【例7-1】有如下2个模块的RTL代码，实现功能一致，都是实现信号a和b比较大小，但是Verilog书写风格不同。请分析Testbench执行以后，这2个RTL代码的行覆盖率和分支覆盖率分别是多少？

RTL（A）的代码如下：

```
1     module cmp(a,b,equal,greater,less);
2     input [7:0] a,b;
3     output equal,greater,less;
4
5     assign    equal = (a==b)? 1:0;
6     assign    greater = (a>b)? 1:0;
7     assign    less = (a<b)? 1:0;
8
9     endmodule
```

RTL（B）的代码如下：

```
1     module cmp(a,b,equal,greater,less);
2     input [7:0] a,b;
3     output reg equal,greater,less;
4
5     always @(a or b)begin
6         if(a==b)begin
7             equal = 1;
8             greater = 0;
9             less = 0;
10        end
11    else if(a>b)begin
12            equal = 0;
13            greater = 1;
14            less = 0;
15        end
16    else if(a<b)begin
17            equal = 0;
18            greater = 0;
19            less = 1;
20        end
21    end
22
23    endmodule
```

Testbench 的代码如下：

```
1       `timescale      1ns/1ns
2       module tb;
3       reg [7:0] a,b;
4       wire equal,greater,less;
5       cmp U0(.a(a),.b(b),.equal(equal),.greater(greater),.less(less));
6       initial begin
7           a = 10; b = 20;
8           #10;
9           a = 50; b= 30;
10          #10;
11          $finish;
12      end
13      endmodule
```

【分析】RTL（A）的有效代码行数共有3行（行号5、6、7），分支共有6个（行号5、6、7中的每个"?:"语法分别有2个分支）。RTL（B）的有效代码行数共有13行（行号5～9，11～14，16～19），分支共有3个（行号6、11、16中的每个if语法是1个分支）。Testbench测试了2种情况，分别是a<b和a>b的情况。

因此，RTL（A）的3行有效行都执行到了，所以代码行覆盖率是3/3；行号5中的分支只执行到了1个，行号6中的2个分支都执行到了，行号7中的2个分支都执行到了，所以分支覆盖率是5/6。

RTL（B）的行号7～9的有效行没被执行到，其他有效行都执行到了，所以代码行覆盖率是10/13；行号6中的分支没被执行到，其他分支都执行到了，所以分支覆盖率是2/3。

7.2.2 断言覆盖率

断言是用于一次性或在一段时间对一个或者多个设计信号在逻辑或者时序上的声明性代码。断言最常用于查找错误，例如两个信号是否应该互斥，或者请求与许可信号之间的时序等，一旦检查到问题，仿真就可以立即停止。断言覆盖率用来统计各个断言的执行完成情况，包括断言成功的次数、断言失败的次数、断言未完成的次数。

7.2.3 功能覆盖率

验证的目的是确保设计电路在实际环境中的各项功能行为都正确。企业项目中，一般要求在设计规格文档中详细说明电路有哪些功能，应该如何运行，应该有怎样的运行结果。在验证规格文档中则列出了相应的功能应该如何激励、验证和测量。某个功能在设计时可能被遗漏，代码覆盖率不能发现这个错误，但是功能覆盖率可以。

为什么使用功能覆盖率？现在的主流验证语言是SystemVerilog，其特点之一就是约束下的随机。随机化的验证问题是测试激励不明确，虽然它的激励空间更大，但是怎样知道用例执行完成后，覆盖到了哪些激励空间，没有覆盖到哪些激励空间呢？所以需要一个衡量标准，那就是功能覆盖率。

功能覆盖率的作用是检查被测电路的功能是否被遍历，需要自定义功能列表的容器，每一次仿真都会产生一个带有覆盖率信息的数据库，记录各个功能的仿真完成情况，把这些信息全部合并在一起就可以得到功能覆盖率，从而衡量整体的进展程度。如果覆盖率在稳步增长，那么添加新的种子或者加长测试时间即可；如果覆盖率增速缓慢，那么需要添加额外的约束来产生更多其他情况的激励；如果覆盖率停止增长，然而设计的某些测试点没有被覆盖到，那么需要创建新的测试；如果覆盖率为100%但依然有新的设计漏洞，那么覆盖率可能没有覆盖到设计中的某些设计功能区域。

7.3 代码覆盖率的实现方法

代码覆盖率的实现比较简单，只需要在仿真EDA工具中设定好条件，在运行仿真的时候会自动收集代码覆盖率数据，并生成覆盖率报告，不需要额外的编程。

7.3.1 Modelsim仿真工具运行代码覆盖率

下面以Modelsim工具为例，介绍一下代码覆盖率的实现方法。

首先，Modelsim工具的运行脚本中的编译命令"vlog"需要加上"+cover=bcestf"选项，用于指定代码覆盖率的类型。下面简要说明一下Modelsim工具中提供的几中代码覆盖率的类型。

① 语句覆盖（Statement coverage）：逐行统计每个语句的执行情况。

② 分支覆盖（Branch coverage）：统计每个条件"if/else"和"case"的执行情况。

③ 条件覆盖（Condition coverage）：可以认为是分支覆盖的扩展，把判断条件都覆盖到。

④ 表达式覆盖（Expression coverage）：和条件覆盖有些相似，检查表达式左右侧的对比。

⑤ 跳转覆盖（Toggle coverage）：逻辑节点的跳转，检查信号的"0/1"是否都覆盖到。

⑥ FSM覆盖（FSM coverage）：有限状态机的状态转换以及路径的统计。

然后，运行仿真的命令"vsim"需要加上"-coverage"选项，表示在运行仿真的时候，同时开始收集代码覆盖率。脚本的内容如下：

```
1    ##################    ModelSim TCL    ######################
2
3    set  TB_DIR  ../sim
4    set  VL_DIR  ../verilog
5
6    ##### Create the Project/Lib #####
7
8    #vlib work
9    # map the library
10   #vmap work work
11
12   ##### Compile the verilog #####
13
```

```
14       vlog -cover bcestf \
15           ${TB_DIR}/tb_cmp2.v \
16           ${VL_DIR}/cmp.v
17
18       ##### Start Simulation #####
19
20       vsim -coverage work.tb
21
22       #add wave -binary clk rst
23       add wave *
24       view wave
25
26       #add wave -unsigned random c_count
27
28       run -all
29
30       ##### Quit the Simulation #####
31
32       # quit -sim
```

执行脚本运行仿真后，如图7-1所示，在左侧的"sim"窗口中选中被测电路U0，在右侧的"Analysis"窗口中可以看到代码覆盖率的具体情况。例如：语句覆盖率的情况，被测电路cmp.v的第7～9行没有被覆盖到。点击"Analysis"窗口的右上角，切换成分支覆盖率可以查看分支覆盖率的情况，被测电路cmp.v的第6行的a==b的分支没有被覆盖到，如图7-2所示。

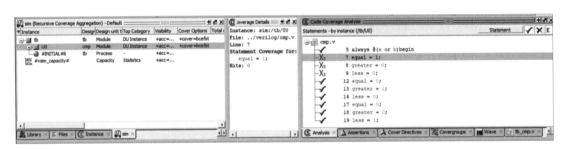

图7-1 语句覆盖率的仿真结果截图

图7-2 分支覆盖率的仿真结果截图

在"sim"窗口中，可以看到总的覆盖率报告数据，如图7-3所示，被测电路U0的总的覆盖率是46.1%，其中语句覆盖率70%，分支覆盖率50%，跳转覆盖率18.4%。

图7-3　总覆盖率的仿真结果截图

7.3.2　VCS仿真工具运行代码覆盖率

如果仿真EDA工具是VCS，覆盖率信息存储在.cm文件中，使用urg工具解析、合并和生成报告。按照如下步骤进行设置。

■（1）指定覆盖率分析的对象

新建target.vc文件，并在文件中通过如下语句添加RTL实例化名。例如：

```
+tree    tb_cmp.U0
```

上述tb_cmp是Testbench的模块名，U0是Testbench中的被测电路实例化名。

■（2）执行覆盖率分析

按照如下命令执行VCS仿真：

```
vcs  tb_cmp.v  cmp.v  -R  -cm  line+branch  -cm_hier  target.vc  -cm_name pat1
```

上述line+branch是指定行覆盖率和分支覆盖率，target.vc是（1）中的文件，用于指定覆盖率分析的对象。pat1是这次运行仿真时代码覆盖率数据保存的文件夹名。

■（3）生成覆盖率报告

输入如下Linux命令，可以生成代码覆盖率文本文件。

```
urg  -dir  simv.cm  -format text
```

生成的覆盖率报告在文件夹 ./urgReport 中。

生成代码覆盖率报告以后，需要查看代码覆盖率情况，找到没有覆盖到的代码行，分析其未覆盖的原因。如果是由于测试激励不全而没有覆盖到，需要增加相应的测试激励，最终通过代码覆盖率报告确保有效代码行均被覆盖到。

VCS仿真工具会生成hierarchy.txt、modinfo.txt等文本文件的覆盖率报告，首先通过hierarchy.txt文件查看覆盖率的总体情况。

如图7-4所示，被测电路U0模块的行覆盖率是75%，分支覆盖率是50%，整体覆盖率是62.5%。可以看出行覆盖率和分支覆盖率都没有达到100%，需要继续查看modinfo.txt文件，找出没有覆盖到的行和分支。

如图7-5所示，被测电路共有12行有效行代码，已经覆盖到9行，行覆盖率是75%。然后提示了具体每一行的覆盖情况，"1/1"表示该行已经覆盖到了，"0/1 == >"表示该行没有被覆盖到。所以，我们需要继续增加a==b有效的激励条件，重新运行得到覆盖率报告，让

```
Design Hierarchy


----------------
SCORE   LINE   BRANCH

62.50  75.00  50.00 tb_cmp


----------------
   SCORE  LINE   BRANCH

   62.50  75.00  50.00 U0
```

图7-4　整体的覆盖率报告

```
---------------------------------------------
Line Coverage for Module : cmp
              Line No. Total Covered Percent

TOTAL              12      9     75.00

ALWAYS 6           12      9     75.00



5                          always @(a or b)begin
6         1/1                  if(a==b)begin
7         0/1      ==>             equal   = 1;
8         0/1      ==>             greater = 1;
9         0/1      ==>             less    = 0;
10                             end
11        1/1                  else if(a>b)begin
12        1/1                      equal   = 0;
```

图7-5　详细的行覆盖率报告

这几行被覆盖到。

　　同样，我们还需要确认分支覆盖率中没有覆盖到的地方。如图7-6所示，显示"Not Covered"的情况有2处：一处是"-1-"等于1的情况，实际上就是上面行覆盖率中的条件a==b的情况，需要增加a==b的激励条件，让该条件能被覆盖到；另一处是"-1-"等于0、"-2-"等于0、"-3-"等于0的情况，即图中"MISSING_ELSE"的地方。因为前面a==b（"-1-"）、a>b（"-2-"）、a<b（"-3-"）的情况都已经全部罗列出来了，所以该处不能被覆盖到属于正常情况，不需要额外增加激励覆盖到该处。

```
16                   else if(a<b)begin
                       -3-
17                       equal   = 0;
                       ==>
18                       greater = 0;
19                       less    = 1;
20                     end
                     MISSING_ELSE
                     ==>

Branches:

-1- -2- -3- Status
1   -   -   Not Covered
0   1   -   Covered
0   0   1   Covered
0   0   0   Not Covered
```

图7-6　详细的分支覆盖率报告

7.4 功能覆盖率的实现方法

　　功能覆盖率需要先编程自定义功能覆盖率收集的容器，然后运行仿真，查看自定义中的各种情况的命中情况。

7.4.1 通过Verilog编程实现功能覆盖率

　　① 建立功能覆盖率收集容器。容器中罗列的情况主要有2种：按照被测电路输入端口信号的数值分布情况进行罗列；按照被测电路的功能进行罗列。

② 仿真结束后，统计显示功能覆盖率结果。

【例7-2】有如下模块的RTL代码，请使用Verilog编程Testbench文件，并在Testbench中实现功能覆盖率的收集。

RTL代码如下：

```
1    module cmp(a,b,equal,greater,less);
2    input [7:0] a,b;
3    output equal,greater,less;
4
5    assign equal = (a==b)? 1:0;
6    assign greater = (a>b)? 1:0;
7    assign less = (a<b)? 1:0;
8
9    endmodule
```

【分析】被测电路的输入有2个信号a[7:0]、b[7:0]，数值范围都是0～255，电路实现功能是a和b的比较，有a==b、a>b、a<b三种情况。所以，建立功能覆盖率收集容器时，考虑输入端口信号的数值分布情况时，可以分别罗列出信号a和b的数值较小的情况、数值较大的情况、数值中间的情况，共有6种情况。考虑被测电路的功能时，共有a==b、a>b、a<b 3种情况。每种情况都使用一个变量来记录，当情况命中时，该变量置1。仿真结束时，统计变量的命中情况，计算出最终的功能覆盖率，并打印输出。

【实现思路】

① 因为功能覆盖率容器中的情况共有9种，所以可以声明一个变量list[8:0]，每个bit记录一种情况。

② 通过always语句来实现自定义容器，通过if-else语句罗列出9种情况，并且情况满足时，相应的list的bit要置1。

③ 仿真结束时，通过已置1的bit个数来计算功能覆盖率。打印显示变量list的数值，得到功能覆盖率结果。

代码如下：

```
1    `timescale    1ns/1ns
2    module tb;
3    reg [7:0] a,b;
4    wire equal,greater,less;
5    reg [8:0]  list;
6    integer sum;
7    integer i;
8    //DUT
9    cmp U0(.a(a),.b(b),.equal(equal),.greater(greater),.less(less));
10   initial begin
11       list = 0;
12       sum = 0;
13       a = 10;  b=200;
14       #10;
15       a = 50;  b=30;
```

```
16          #10;
17          for(i=0; i<9; i=i+1)begin
18              sum = sum + list[i];    // 计算命中的bit数
19          end
20          $display("function cov is %d/9, list=%b", sum, list);    // 打印显示功能覆
盖率结果
21          #50;
22          $finish;
23      end
24      // 定义功能覆盖率收集容器
25      always @(a or b)begin
26          if(a<50)        list[0] = 1;
27          else if(a>200) list[1] = 1;
28          else        list[2] = 1;
29
30          if(b<50)        list[3] = 1;
31          else if(b>200) list[4] = 1;
32          else        list[5] = 1;
33
34          if(a<b)        list[6] = 1;
35          else if(a>b)    list[7] = 1;
36          else        list[8] = 1;
37      end
38      endmodule
```

代码的第5行，定义一个9bit的变量，用来记录罗列出来的9种情况。代码的第17～19行，仿真结束前，计算一下命中的情况个数。代码的第20行，打印显示功能覆盖率结果，并显示9bit的变量的命中情况，针对未命中的bit，可以增加相应测试激励，最终使功能覆盖率达到100%。

执行仿真后，如图7-7所示，"Transcript"窗口中打印显示出功能覆盖率是6/9，变量list的bit1、bit4、bit8没有被命中。同样，通过"Wave"波形窗口中的list变量的波形，也可以看出哪些情况没被覆盖到。

图7-7   功能覆盖率的仿真结果截图

7.4.2 通过 SystemVerilog 编程实现功能覆盖率

■ （1）覆盖组

覆盖组（covergroup）与类（class）相似，一次定义后便可以多次实例化。它含有覆盖点、选项、形式参数和可选触发（trigger）。一个覆盖组包含了一个或多个数据点，全都在同一时间采集。covergroup 可以定义在类中，也可以定义在 interface 或者 module 中，它可以采样任何可见的变量，例如程序变量、接口信号或者设计端口。

一个类里可以包含多个 covergroup，当拥有多个独立的 covergroup 时，每个 covergroup可以根据需要自行使能或者禁止。covergroup 必须被实例化以后才可以用来收集数据。

```
1    class Transactor;
2        Transactor tr;
3        mailbox mbx_in;
4        covergroup CovPort;
5            coverpoint tr.port;
6        endgroup
7
8        function new(mailbox mbx_in);
9            CovPort = new();                // 实例化覆盖组
10           this.mbx_in = mbx_in;
11   endfunction
12
13       task main;
14           forever begin
15               tr = mbx_in.get          // 获取下一个事务
16               ifc.db.port <= tr.port;   // 发送到待测设计中
17               ifc.cb.data <= tr.data;
18               CovPort.sample();        // 收集覆盖率
19           end
20       endtask
21   endclass
```

如果覆盖组定义在类里，实例化时可以使用最初的名字，例如上面这个例子中展现的，声明了 CovPort 为 covergroup 后，就直接对它进行了 new()，实际上这只是声明该变量为covergroup 类型，并不是声明对象。除此种特殊的实例化方式，通常使用的是下面这种：

```
25       function new(mailbox mbx_in);
26           CovPort cg1 = new();                // 实例化覆盖组
27           this.mbx_in = mbx_in;
28       endfunction
```

因为 covergroup 是可以实例化多次的，如果采用直接把 CovPort 作为实例名实例化，那就不能实例化第二次了，而采用下面这种声明一个别的对象为 CovPort 类型（也即covergroup 类型）显然可以实例化多次，改个声明对象名字即可。

上面的代码，在采样的时候，采用的是 CovPort.sample()［调用 sample() 函数］的方式，这是第一种采样方式；还有第二种就是采取阻塞的方式，wait 或者 @ 实现事件上的阻塞，当遇到什么事件的时候再进行采样。

■ （2）数据采样

当在coverpoint指定采样一个变量或表达式时，SV会创建很多的仓（bin）来记录每个数值被捕捉到的次数。这些bin是衡量功能覆盖率的基本单位。

covergroup中可以定义多个coverpoint，coverpoint中可以自定义多个cover bin或者SV帮助自动定义多个cover bin。

为了计算一个coverpoint上的覆盖率，首先需要确定可能数值的个数，这也被称为域。

覆盖率就是采样值的数目除以bin的数目。例如一个3bit变量的域是0:7，正常情况下会自动分配8个bin。如果仿真过程有7个值被采样到，那么最终该coverpoint的覆盖率为7/8。

所有coverpoint的覆盖率最终构成一个covergroup的覆盖率。所有的covergroup的覆盖率构成了整体的覆盖率。

如果采样变量的域范围过大而又没有指定bin，那么系统会默认分配64个bin，将值域范围平均分配给这64个bin。例如一个16bit变量有65536个可能值，所以64个bin中的每一个都覆盖了1024个值。用户可以通过covergroup的选项auto_bin_max来指定自动创建bin的最大数目。

```
32    covergroup CovKind;
33        options.auto_bin_max = 8;        // 所有 coverpoint aout_bin 数量 =8
34        coverpoint tr.port
35        {options.auto_bin_max = 2;}      // 特定 coverpoint aout_bin 数量 =2
36    endgroup
```

注意：coverpoint定义使用 {} 而不是begin-end。大括号的结尾没有分号，和end一样。

实际操作中自动创建bin的方法并不实用，建议用户自行定义bin：

```
40    covergroup CovKind;
41        coverpoint tr.kind{
42            bins zero = {0};           //1 个仓带代表 kind==0
43            bins lo   = {[1:3],5};        //1 个仓代表 1:3 和 5
44            bins hi[] = {[8:$]};        //8 个独立的仓代表 8:15
45            bins misc = default;        //1 个仓代表剩余的所有值
46        }
47    endgroup
```

```
Bin # hits at least
========================
hi_8  0   1
hi_9  5   1
hi_a  3   1
hi_b  4   1
hi_c  2   1
hi_d  2   1
hi_e  9   1
hi_f  4   1
lo    16  1
```

```
misc 15  1
zero  1  1
```

执行结果如上，对于hi，会分配8个bin。lo是一个bin，misc也是一个bin。左边是bin的名称，中间是bin里的数据被采样了多少次，右边是这个至少要收集多少次。从上面这个结果来看，总共有11个bin，只有一个bin没有被收集到，那么它最终的覆盖率就是10/11。

■（3）条件覆盖率

可以使用关键词iff给coverpoint添加条件。

```
50    covergroup CoverPort;
51        coverpoint port iff(!bus_if.reset);    // 当reset==1时不收集覆盖率
52    endgroup
53
54    initial begin
55        CovPort ck = new();                    // 实例化覆盖组
56        #1ns ck.stop();
57        bus_if.reset = 1;
58        #100ns bus_if.reset = 0;               // 复位结束
59        ck.start();
60    end
```

如果在采样（sample函数）的时候使用了iff，那么收集覆盖率的时候，既要满足sample()进行采样，也要满足iff后面的条件，才会对其进行采样。还可以使用start和stop函数来控制covergroup各个独立实例的开启和关闭，如果关闭了，哪怕设了采样sample函数，也不会真的采样。

■（4）翻转覆盖率

coverpoint也可以用来记录变量从A值到B值的跳转情况，还可以确定任何长度的翻转次数。

```
64    covergroup CoverPort;
65        coverpoint port {
66            bins t1 = (0=>1),(0=>2),(0=>3);
67        }
68    endgroup
```

记录t1值从0翻转到1或者2或者3的次数，但凡这三个事件有一个发生，bin里面记录的次数就会加1。

■（5）忽略的bin

```
72    bit [2:0] low_ports_0_5;
73    covergroup CoverPort;                              // 只使用0~5
74        coverpoint low_ports_0_5 {
75            ignore_bins hi = {[6,7]}; // 忽略最后两个仓
76        }
77    endgroup
```

三比特变量low_ports_0_5最初的范围是0:7。ignore_bins 排除掉最后两个仓，即不考虑6和7的采样值，从而把采样范围缩小到0:5。所以这个组的总体覆盖率是采样到的仓数除以总仓数，这里总仓数是6。

■ （6）非法的bin

有些采样值不仅应该被忽略，而且如果出现还应该报错。

这种情况可以在测试平台中监测，也可以使用illegal_bins对特定的bin进行标示。

```
80      bit [2:0] low_ports_0_5;
81      covergroup CoverPort;                       // 只使用 0-5
82          coverpoint low_ports_0_5 {
83              illegal_bins hi = {[6,7]};          // 如果出现就报错
84          }
85      endgroup
```

6、7不但不能出现，而且如果出现了就会报错。

■ （7）交叉覆盖率

coverpoint 是记录单个变量或者表达式的观测值。如果想记录某一时刻多个变量之间值的组合情况，需要使用交叉（cross) 覆盖率。

```
88      class Transaction;
89          rand bit [3:0] kind;
90          rand bit [2:0] port;
91      endclass
92
93      Transaction tr;
94
95      covergroup CovPort;
96          kind:coverpoint tr.kind;        // 创建覆盖点 kind
97          port:coverpoint tr.port;        // 创建覆盖点 port
98          cross kind,port;
99      endgroup
```

该例子中，kind 的位宽是4bit，默认有16个bin，port的位宽是3bit，默认有8个bin，那么cross之后，它们之间就会产生 $8 \times 16 = 128$ 个bin。

■ （8）排除部分cross bin

为了减少bin的数量，可以采用ignore的方式来清除那些我们不关心的cross bin。

```
103     covergroup Covport;
104         port:coverpoint tr.port{
105             bins port[] = {[0:$]};
106         }
107         kind:coverpoint tr.kind{
108             bins zero = {0};
```

```
109                bins lo   = {[1:3]};
110                bins hi[] = {[8:$]};
111                bins misc = default;
112            }
113        coross kind,port{
114                ignore_bins hi = binsof(port) intersect {7};
115                ignore_bins md = binsof(port) intersect {0} && binsof(kind)
intersect {[9:11]};
116                ignore_bins lo = binsof(kind.lo)
117            }
118        endgroup
```

该例子中，port 共有 8 个 bin，kind 共有 11 个 bin。在声明两个变量的交叉覆盖率的时候，忽略了很多的交叉情况，比如当 port 里值为 7 时，不考虑和 kind 的 bin 交叉的情况，以及 port 里值为 0 且 kind 里值为 9 ~ 11 的时候，也不考虑这种情况的交叉 bin 等。

但是随着 cross 覆盖率越来越精细，更合适的方式是不使用自动分配的 cross bin，而是自己声明感兴趣的 cross bin。

假设有两个随机变量 a、b，它们带着三种感兴趣的状态 {a==0,b==0}、{a==1,b==0} 和 {b==1}。

```
122    class Transaction;
123        rand bit a,b;
124    endclass
125
126    covergroup CrossBinsofIntersect;
127        a:coverpoint tr.a
128        {
129            bins a0 = {0};
130            bins a1 = {1};
131            option.weight = 0;         // 不计算覆盖率
132        }
133        b:coverpoint tr.b
134        {
135            bins b0 = {0};
136            bins b1 = {1};
137            option.weight = 0;         // 不计算覆盖率
138        }
139        ab:cross a,b
140        {
141            bins a0b0 = binsof(a.a0) && binsof(b.b0);
142            bins a1b0 = binsof(a.a1) && binsof(b.b0);
143            bins.b1  = binsof(b.b1);
144        }
145    endgroup
```

选择自己感兴趣的点做交叉覆盖。

■ （9）覆盖选项

如果对一个covergroup实例化多次，那么默认情况下，SV会将所有实例的覆盖率加权合并到一起，如果需要单独列出每个covergroup实例的覆盖率，需要设置覆盖选项。

```
149    covergroup CoverLength;
150        coverpoint tr.length;
151        option.per_instance = 1;
152    endgroup
```

这样设置option后，每个实例的覆盖率都会单独计算。

如果有多个covergroup实例，可以通过参数来对每一个实例传入单独的注释。这些注释最终会显示在覆盖率数据的总结报告中。

```
156    covergroup CoverPort(int lo,hi, string comment);
157        option.comment = comment;
158        coverpoint port
159        {
160            bins ange = {[lo:hi]};
161        }
162    endgroup
163
164    CoverPort cp_lo = new(0,3,"Low port numbers");
165    CoverPort cp_lo = new(4,7,"High port numbers");
```

总结covergroup方法。sample()：采样。get_coverage()/get_inst_coverage()：获取覆盖率，返回0～100的real数值。set_inst_name(string)：设置coverage的名称。start()/stop()：使能或者关闭覆盖率的收集。

■ （10）覆盖率分析

使用$get_coverage()可以得到总体的覆盖率。

也可以使用covergroup_inst.get_inst_coverage()来获取单个covergroup实例的覆盖率。

如果覆盖率水平在一段时间之后没有提高，那么这个测试就应该停止。重启新的随机种子或者测试可能有望提高覆盖率，重新限定随机的约束也能对提高覆盖率有所帮助。

习题

1. 简述覆盖率的作用和意义。

2. 简述覆盖率的3个种类。

3. 请罗列出3种代码覆盖率。

4. 简述在Modelsim工具中，怎么实现代码覆盖率收集。

5. 下图是Modelsim工具运行的代码覆盖率结果报告，请指出都收集了哪些覆盖率？覆盖率分别是多少？

第 **8** 章

结果自动对比

8.1 结果自动对比的概念和应用

　　电路设计者在电路调试阶段，可以搭建一个简单的 Testbench，通过观测关键信号的波形来判断电路的功能是否正常。但是在验证阶段，需要给予大量的激励进行全功能仿真验证，甚至需要产生随机激励，长时间运行仿真，确保电路设计在各种情况下都功能正常。而且验证阶段会随时发现电路设计存在 Bug，修改 Bug 后，需要再次执行所有的激励。所以，如果在验证阶段还采用观测波形的方式，工作量之大可想而知，而且通过人工观测波形很容易发生疏忽，遗漏 Bug。因此，数字集成电路验证工程师需要搭建一个能够自动检查判断被测电路功能是否正确的验证环境，以提高验证的工作效率，提升验证的质量。

8.2 期待值模型的构建方法

为了实现结果自动对比的验证环境，首先需要准备好用于对比的期待值数据，或自己构建一个期待值模型，可以在验证环境运行过程中自动生成期待值数据。

如果已经有期待值数据文件，就可以和被测电路实际输出数据直接作对比了，不需要期待值模型。但是这种方式下，期待值数据文件中的数据是固定的，所以要求输入激励也是固定的，无法支持改变输入激励或随机激励。这种方法一般用于特定功能的验证。

另一种方式是通过构建期待值模型，在验证环境运行过程中可以自动生成期待值数据，用于和被测电路的实际输出值作对比。在这种方式下，期待值模型可以根据输入激励值生成期待值数据，所以，可以支持随机激励。这种方法应用比较广泛。

自动对比的验证环境中，怎么搭建期待值模型是一个难点，是验证工作中需要投入工作量较多的部分。大致有两种方式：第一种方式是期待值模型可以通过C语言、Python等编程生成可执行文件，通过脚本运行验证环境时，也同时执行期待值模型的可执行文件，产生期待值数据；第二种方式是期待值模型可以通过Verilog编程实现，验证环境中直接调用期待值模型的模块，产生期待值数据信号。通常采用第二种方式，因为期待值模型可以嵌入到验证环境中，使用起来比较灵活。通过Verilog实现期待值模型的思路如下：

① 期待值模型和被测电路的功能要完全一致。否则验证环境运行结果中会出现大量的结果对比不一致的情况，给调试带来麻烦。

② 期待值模型要使用简单直接的描述方式。验证工程师需要将被测电路的功能逻辑梳理清楚，然后使用尽量简单的编程罗列实现所有的功能。不可以直接参照被测电路RTL编程逻辑来写期待值模型，因为这样很容易将被测电路的Bug引入期待值模型，导致无法正确检出Bug。

③ 期待值模型推荐使用task编写，不要带有时序。因为引入时序会让期待值模型的逻辑变得复杂，调试起来也比较麻烦，所以尽量使用简单语句来罗列，实现所有功能。

④ 期待值模型task调用时，要对齐被测电路的输出时序。期待值模型task只有被调用时才会动作，为了实现实时对比，需要在被测电路输出的时刻调用期待值模型，产生期待值数据，与被测电路输出实际值进行对比。

8.3 结果自动对比的实现

通过Verilog实现结果自动对比验证环境的方式大致有下面三种：

① 构造期待值模型的方式；

② 读取期待值数据的方式；

③ 将被测电路输出打印结果文件与期待值结果文件直接比较的方式。

其中，方式①最为通用，运用起来比较灵活，但是构造期待值模型需要投入一定的工作量。方式②不需要构造期待值模型，实现比较简单，但是由于输入激励固定，所以只能应用在一些固定功能验证的场合。方式③实现起来最为简单，只要将被测电路输出打印到一个文件中，然后和期待值结果文件进行比较就可以了，但是由于输入激励固定，所以同样也只能应用在一些固定功能验证的场合。

8.3.1 构造期待值模型的方式

该种方式的验证环境结构图如图8-1所示。验证环境主要包括4部分：

① 输入激励模块，用于产生测试激励数据，将测试激励数据传送给被测电路和期待值模型。

② 被测电路实例化，接收测试激励，电路动作后产生输出结果。

③ 期待值模型，接收测试激励，产生期待值数据结果。

④ 输出结果对比模块，将被测电路的实际输出数据和期待值数据进行比较，并将比较结果（OK、NG）输出打印到Log文件。仿真验证运行结束后，可以查看Log文件中记录的各个Pattern的执行结果是否正确。

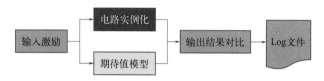

图8-1　结果自动对比的验证环境结构图（方式1）

【例8-1】请编写期待值模型task，并搭建结果自动对比的验证环境，验证超前进位加法器电路的功能正确性。

超前进位加法器电路的RTL代码如下：

```
1    module adder_lookahead(a_in,b_in,sum_out,c_out);
2    input    [3:0]a_in,b_in;
3    output   [3:0]sum_out;
4    output       c_out;
5    wire [3:0]p,g;
6    wire [3:0]c;
7    assign  p = a_in|b_in;
8    assign  g = a_in&b_in;
9    assign  c[0] = 1'b0;
10   assign  c[1] = g[0];
11   assign  c[2] = g[1]|(p[1]&c[1]);
12   assign  c[3] = g[2]|(p[2]&c[2]);
13   assign  c_out = g[3]|(p[3]&c[3]);
14   assign  sum_out = a_in^b_in^c;
15   endmodule
```

【分析】通常的多位加法器是通过半加器和全加器进行级联实现的，所以，容易造成级联产生的组合逻辑迟延比较大，而且加法器位数越多，引起的组合逻辑迟延越大。超前进位加法器不采用半加器和全加器的级联电路结构，而是通过与或非等门电路逻辑，直接得到各个数据位的加法运算结果，因此组合逻辑迟延比较小。但是对于加法器功能而言，二者的加法运算结果是一样的。

被测电路是一个4bit的超前进位加法器，将输入信号a_in[3:0]和b_in[3:0]相加，输出加法运算结果sum_out[3:0]和进位c_out。因此，构造期待值模型时，只需要写一个task，通过"+"号进行加法运算即可。该被测电路是组合电路，只要给定输入激励，会立即产生输出结果，所以在给定输入激励后调用期待值模型task产生期待值，然后将被测电路实际输出数据和期待值数据进行对比。

【实现思路】

① 建立期待值模型task，可以直接使用"+"号实现加法运算。

② 等待被测电路输出完成。因为该被测电路是一个组合电路，给予输入激励时立即产生输出，没有表示输出完成有效的信号，所以可以通过一个事件（event）来同步，当给予输入激励时触发事件，在此处可以等待事件触发。

③ 调用期待值模型task，产生期待值信号。

④ 将被测电路输出的实际值和期待值进行比较，并打印输出比较结果。

⑤ 可以通过forever或while(1)循环执行②～④，对被测电路输出信号的每一组数据都进行结果自动对比。

代码如下：

```
1    `timescale    1ns/1ns
2    module tb_o;
3    parameter CYCLE = 10;
4    reg  [3:0]a_in;
5    reg  [3:0]b_in;
6    wire [3:0]sum_out;
7    wire    c_out;
8    reg  [3:0]exp_sum;
9    reg      exp_cout;
10   //RTL instance
11   adder_lookahead U1(
12       .a_in    (a_in  ),
13       .b_in    (b_in  ),
14       .sum_out(sum_out),
15       .c_out   (c_out  )
16   );
17   integer i;
18   event evt_rtlout;
19   //generate input
20   initial    begin
21       a_in = 0; b_in = 0;
22       #(10*CYCLE);
23       for(i=0; i<100; i=i+1)begin
24           a_in = {$random}%16;
25           b_in = {$random}%16;
26           ->evt_rtlout;
27           #(3*CYCLE);
28       end
29       #(10*CYCLE);
30       $display($time,"sim end!!!");
31       $finish;
32   end
33   //call exp-model
```

```
34    initial begin
35        forever begin
36            @evt_rtlout;
37            t_adder(a_in,b_in,exp_sum,exp_cout);
38            #1;
39            if({c_out,sum_out}!=={exp_cout,exp_sum})
40                $display($time,"NG:
a_in=%d,b_in=%d,c_out=%d,sum_out=%d.exp_cout=%d,exp_sum=%d",
41                    a_in,b_in,c_out,sum_out,exp_cout,exp_sum);
42            else
43                $display($time,"OK:
a_in=%d,b_in=%d,c_out=%d,sum_out=%d.exp_cout=%d,exp_sum=%d",
44                    a_in,b_in,c_out,sum_out,exp_cout,exp_sum);
45        end
46    end
47    //exp-model
48    //genarat exp data
49    task t_adder;
50    input   [3:0]a;
51    input   [3:0]b;
52    output [3:0]sum;
53    output      cout;
54    begin
55        {cout,sum} = a+b;
56    end
57    endtask
58    endmodule
```

代码的第23～28行，随机产生100组测试激励，对信号a和b赋值后触发一个事件，用于后续的结果自动对比。代码的第34～46行，实现结果自动对比。第36行，等待事件触发后，调用期待值模型task（第37行），生成期待值。第39行，将被测电路的实际输出值和生成的期待值进行比较，并把对比结果"OK/NG"打印显示到屏幕。

8.3.2　读取期待值数据的方式

有时客户会提供一些测试激励数据以及相应的期待值数据，用于初步确认设计电路的基本功能或特定功能。此时，验证环境中需要读取客户提供的测试数据文件，用来产生测试激励和期待值。验证环境结构图如图8-2所示。

图8-2　结果自动对比的验证环境结构图（方式2）

【例8-2】请根据客户提供的测试数据文件，产生测试激励，并搭建结果自动对比的验证环境，来验证被测电路的功能正确性。

客户提供的测试数据文件test_data.txt的内容如图8-3所示。

【分析】测试数据文件test_data.txt共有101行，其中，第1行是信号的说明，属于字符串类型数据，第2行开始是测试数据，属于16进制数据。共有4列内容，前3列是输入测试激励的数值，第4列是被测电路的期待输出数值。

【实现思路】

① 使用$fopen系统函数以只读方式打开文件test_data.txt。

② 使用$fscanf系统函数按照字符串类型读取第一行中的4个字符串，并打印显示到屏幕。

③ 使用$fscanf系统函数按照16进制数据类型读取下一行中的4个数据，并将前3个数据赋值给被测电路的输入信号，将第4个数据作为期待值。

④ 等待被测电路输出完成，将被测电路输出的实际值和期待值进行比较，并打印输出比较结果。

代码如下：

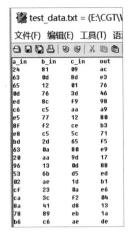

图8-3　测试数据文件

```
1    `timescale      1ns/1ns
2    module tb;
3    parameter CYCLE = 10;
4    reg  [7:0]a_in;
5    reg  [7:0]b_in;
6    reg  [7:0]c_in;
7    reg  [7:0]exp_out;
8    wire [7:0]out;
9    //RTL instance
10   MyDesign U1(
11        .a_in(a_in),
12        .b_in(b_in),
13        .c_in(c_in),
14        .out(out)
15   );
16   integer fd;
17   initial begin
18        fd = $fopen("test_data.txt","r");
19   end
20   integer i;
21   event evt_rtlout;
22   reg [63:0] str;
23   //generate input
24   initial    begin
25        a_in = 0; b_in = 0; c_in = 0;
26        #(10*CYCLE);
27        for(i=0; i<4; i=i+1)begin
28             $fscanf(fd,"%s",str);
29             $write("%s\s",str);
```

```
30              end
31              $write("\n");
32              for(i=0; i<100; i=i+1)begin
33                  $fscanf(fd,"%h",a_in);
34                  $fscanf(fd,"%h",b_in);
35                  $fscanf(fd,"%h",c_in);
36                  $fscanf(fd,"%h",exp_out);
37                  ->evt_rtlout;
38                  #(3*CYCLE);
39              end
40              #(10*CYCLE);
41              $display($time,"sim end!!!");
42              $finish;
43          end
44      //act vs exp compare
45      initial begin
46          forever begin
47              @evt_rtlout;
48              #1;
49              if(out!==exp_out)
50                  $display($time,"NG:
a_in=%h,b_in=%h,c_in=%h,out=%h.exp_out=%h",a_in,b_in,c_in,out,exp_out);
51              else
52                  $display($time,"OK:
a_in=%h,b_in=%h,c_in=%h,out=%h.exp_out=%h",a_in,b_in,c_in,out,exp_out);
53          end
54      end
55      endmodule
```

代码的第18行，通过调用$fopen系统函数，以只读方式打开文件"test_data.txt"。代码的第27～30行，调用$fscanf系统函数读取文件中的第一行（标题），并打印显示到屏幕，其中"%s"表示以字符串的格式读取。代码的第32～39行，调用$fscanf系统函数读取文件中的测试向量数据，分别赋值给信号a_in、b_in、c_in、exp_out，其中"%h"表示以十六进制格式读取。代码的第37行，产生测试向量后，触发一个事件，用于后续的结果自动对比。代码的第45～54行，将期待值和实际值进行对比。其中第47行，等待事件，用来等待数据准备完成。第49行，比较实际值信号out和期待值信号exp_out，对比二者是否相等，并打印出"OK/NG"信息。

执行仿真验证后，如图8-4所示，"Wave"波形窗口中，信号a_in、b_in、c_in、exp_out等都可以被正确赋值，产生测试激励。"Transcript"窗口中也打印显示各组测试向量的数据，并且结果自动对比都是"OK"。

8.3.3　将被测电路输出打印结果文件与期待值结果文件直接比较的方式

电路设计者在调试阶段，可能只搭建一个产生激励的验证环境，对信号的波形和输出数据进行逐个确认。这种情况下可以将需要确认的数据打印到一个Log文件中，确认数据都正确后，可以将这个文件作为一个期待值文件。以后电路做功能升级时，可以将重新运行仿真的数据

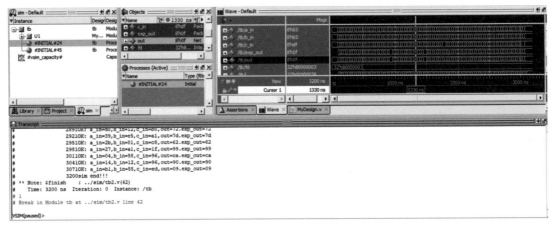

图8-4 仿真执行结果截图

Log文件与期待值文件（之前确认过的Log文件）进行直接diff对比。如果diff结果一致，则说明电路功能正确。这种结果自动对比的方式比较简单直接，但是缺陷比较明显，如果激励改变了，那么期待值文件就无法使用了，所以这种方法一般用于设计者前期的调试。见图8-5。

图8-5 结果自动对比的验证环境结构图（方式3）

习题

1. 简述结果自动对比的作用和意义。

2. 简述通过Verilog实现期待值模型的思路。

3. 简述通过Verilog实现结果自动对比验证环境的三种方式。

4. 请使用Verilog对如下电路编写期待值模型。

电路功能描述：具有4种模式，加、减、乘、除运算，当输入in_valid高脉冲时开始运算，运算结束后，产生out_valid高脉冲信号，并输出运算结果。电路的端子表如下：

端口名称	位宽	方向	有效极性	功能说明
clk		input		系统时钟
rst_n		input	低电平	系统复位
in_valid		input	高电平	输入数据有效
a	[7:0]	input		输入数据a，有符号数
b	[7:0]	input		输入数据b，有符号数
out_valid		output	高电平	输出结果数据有效
res1	[7:0]	output		输出结果数据1
res2	[7:0]	output		输出结果数据2
mode	[1:0]	input		模式选择： 00：加法运算，{res2,res1}=a+b; 01：减法运算，{res2,res1}=a-b; 10：乘法运算，{res2,res1}=a*b; 11：除法运算，a/b,res2=3, res1=余数

第 **9** 章

UVM 验证

▶▶ 思维导图

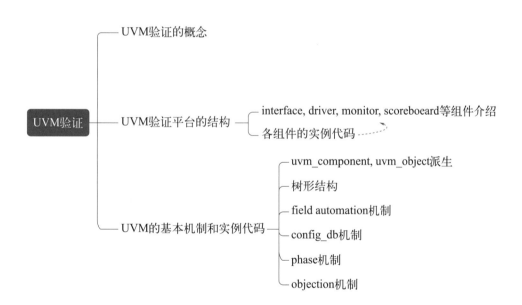

UVM 一经推出就得到了 EDA 厂商的支持，也受到了验证工程师的欢迎。目前，很多 IC 公司都在使用 UVM 进行验证，其已经成为目前主流的验证方法。

本章中，先以一个简单 bus 的电路为例，详细介绍如何搭建 UVM 验证平台以及各个组件的作用。

9.1 事务级验证的概念

前面章节介绍的验证环境的操作都是基于信号级的，施加激励时都是直接对信号进行赋值操作。UVM中引入了事务级（transaction）验证的概念，transaction是一个比较抽象的概念，UVM环境中，激励需要封装到transaction中，一个transaction就是一个封装的数据包，在这个数据包中定义好需要的激励，但不一定是设计的全部激励。比如以太网传输的数据包中要包括源地址、目的地址、包的类型、CRC校验数据等。这个数据包可以在UVM的组件间传递，因为UVM提供了TLM（transaction-level modeling）的接口，从而可以将各个组件通过事务级的方式连接在一起。一个简单bus的transaction的定义如下：

```
1   class my_transaction extends uvm_sequence_item;
2       rand bit[7:0]  addr;
3       rand bit[15:0] data;
4
5       function new(string name = "my_transaction");
6           super.new(name);
7       endfunction
8       //add to object list
9       `uvm_object_utils_begin(my_transaction)
10          `uvm_field_int(addr,UVM_ALL_ON)
11          `uvm_field_int(data,UVM_ALL_ON)
12      `uvm_object_utils_end
13  endclass
```

上述transaction定义中，第2行和第3行是定义transaction中包含的元素，addr是8bit的地址，data是16bit的数据，rand表示地址和数据的数值可进行随机。my_transaction是transaction的名字，它的基类是uvm_sequence_item。在UVM中，所有的transaction都是从uvm_sequence_item派生出来的，也就是说只有uvm_sequence_item派生出来的transaction才能使用UVM中强大的sequence机制。第9行和12行使用了`uvm_object_utils_begin和`uvm_object_utils_end宏，是因为这种类派生自uvm_object或者uvm_object的派生类，uvm_sequence_item就是派生自uvm_object，UVM中这种特征的类要使用uvm_object相关的宏，因此my_transaction使用uvm_object_utils_begin和uvm_object_utils_end宏，是为了使用field_automation机制，从而使用field_automation机制定义的数据类型。第10行和11行定义了addr和data为整数类型。

9.2 UVM验证环境的特点和结构

9.2.1 UVM验证平台的结构

UVM验证环境是指基于UVM的验证方法搭建的验证平台，平台的结构如图9-1所示，包括测试向量、env和DUT三大部分。env由sequence、sequencer、driver、monitor、in_ agent、out_agent、reference model、scoreboard等组件构成。在UVM库中，所有东西都是使用类（class）实现的，验证平台中的这些组件从UVM库中的某个类派生出一个新类，在新类中实现期望的功能。

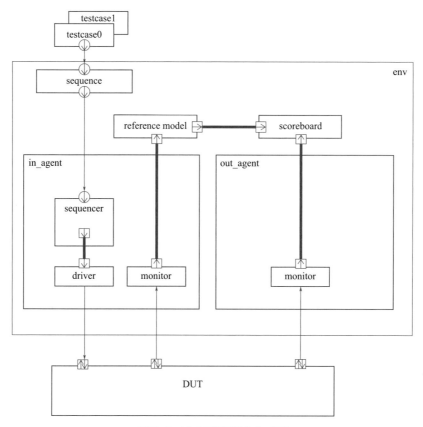

图9-1　UVM验证平台构成图

9.2.2　被测电路

假设有这样一个简单的被测电路，功能是收到的数据延迟一个周期后发送出去。其代码如下：

```
1    module bus_dut(rst_n,clk,i_valid,i_addr,i_data,o_valid,o_addr,o_data);
2    input       rst_n;
3    input       clk;
4    input       i_valid;
5    input [7:0] i_addr;
6    input [15:0] i_data;
7    output    reg       o_valid;
8    output    reg [7:0] o_addr;
9    output    reg [15:0]o_data;
10
11
12   always @(negedge rst_n or posedge clk)begin
```

```
13          if(!rst_n)begin
14              o_valid   <= 1'b0;
15              o_addr    <= 'h0;
16              o_data    <= 'h0;
17          end
18          else begin
19              o_valid   <= i_valid;
20              o_addr    <= i_addr;
21              o_data    <= i_data;
22          end
23      end
24   endmodule
```

DUT接口信号的波形图如图9-2所示。

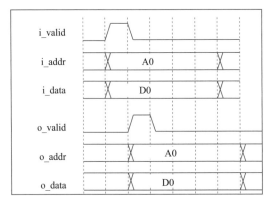

图9-2　DUT接口信号的波形图

9.2.3　interface

用Verilog搭建的验证环境中，为了将激励施加到DUT的输入端口，需要使用绝对路径的方式，例如top.i_valid，这种绝对路径的方式不利于验证平台的移植。为了避免这种弊端，SystemVerilog中使用interface来连接验证平台与DUT的端口。针对上面的DUT，输入端口和输出端口构成是一样的，所以定义一组下面的interface，在环境中实例化2次就可以作为连接类和DUT的输入和输出的端口使用。

```
1    interface my_if(input clk,input rst_n);
2
3    logic     valid;
4    logic     [7:0]     addr;
5    logic     [15:0]    data;
6
7    endinterface
```

9.2.4　driver

driver是验证平台中的重要组件，派生自uvm_driver，其主要作用是负责驱动transaction。

在整个测试平台中，driver上层传递过来的是抽象层次高的事务级的描述，driver下层需要给DUT输入激励，DUT的接口是抽象层次低的信号级描述，transaction显然不能直接输入给DUT，所以需要driver从中进行转换，把上面的高抽象层次的transaction变成下面的DUT能认识的信号级描述。一个简单的driver例子如下所示：

```
1    class my_driver extends uvm_driver#(my_transaction);
2        virtual my_if vif;
3
4        //new
5        function new(string name = "my_driver",uvm_component parent = null);
6            super.new(name,parent);
7        endfunction
8        //build phase:(1)config if.(2)new port
9        virtual function void build_phase(uvm_phase phase);
10           super.build_phase(phase);
11           if(!uvm_config_db #(virtual my_if)::get(this,"","vif",vif))
12               `uvm_fatal("my_driver","virtual interface must be set for vif")
13       endfunction
14
15       //main phase:(1)new transaction and randomaize.(2)transaction to DUT
signal through if.
16       //            (3)transaction to scoreboard through port
17       task main_phase(uvm_phase phase);
18           vif.valid <= 1'b0;
19           vif.addr <= 'h0;
20           vif.data <= 'h0;
21           while(!vif.rst_n)@(posedge vif.clk);
22           while(1) begin
23                   seq_item_port.get_next_item(req);
24                   drive_one_pkt(req);
25                   seq_item_port.item_done();
26               end
27       endtask
28
29       //sub task:transaction to DUT signal through if
30       task drive_one_pkt(my_transaction tr);
31           `uvm_info("my_dirver","begin dirve one pkt",UVM_LOW);
32           @(posedge vif.clk);
33           vif.valid <= 1'b1;
34           vif.addr <= tr.addr;
35           vif.data <= tr.data;
36           @(posedge vif.clk);
37           vif.valid <= 1'b0;
38           `uvm_info("my_dirver","end dirve one pkt",UVM_LOW);
39       endtask
40       //add to component list
41       `uvm_component_utils(my_driver)
42   endclass
```

在前面已经定义好了interface，但是在上述代码的第2行定义了一个virtual interface，为什么要加上virtual呢？这是因为施加激励是在class的task里面进行的，但是DUT却是verilog代码。在class中只能声明virtual interface才能将class和verilog代码连接到一起，实现它们之间的通信。

第5～7行是new函数，在一个类的定义里面必须使用new函数创建组件，在这个函数里面要使用super.new(name,parent)，表示执行父类的new函数，这里的父类就是uvm_driver。这里有两个参数：第一个是string类型的name，就是这个类的实例的名字；另一个是uvm_component型的parent，表明uvm_driver在UVM结构树中处于什么位置。在图9-1中，driver的parent就是in_agent，in_agent的parent就是env。

第9～13行的build_phase函数主要用来完成类的实例化。这里面driver是最底层，所以不需要进行实例化。在这个函数里面也先要使用super.build_phase(phase)这条语句，完成父类的build_phase函数。接着使用了uvm_config_db机制的get行为，将其他component设置给此component的参数接收过来，这个例子中是把my_if接收到driver中来了。

第17～27行是main_phase任务，main_phase完成组件的主要操作处理。driver的主要功能是将transaction转换成信号层，这个处理就是在main_phase中进行的。第18～20行是初始化，第21行是等待复位解除。第22～26行是一个无限循环，在循环里面，第23行是向seq_item_port申请一个新的my_transaction类型的item，这里面的seq_item_port是连接sequencer和driver的端口，driver需要从这个端口中取transaction，sequencer如果有transaction也是通过这个端口传递给driver。第24行是调用drive_one_pkt任务将item转成信号级激励发送出去。第25行和第23行是配对使用的，表示数据已经发送完毕。

第30～39行是drive_one_pkt任务，它的主要功能是将transaction转换成信号级别的激励施加到interface上，第33行是对valid信号进行赋值，第34行是将tr的addr元素取出赋给interface的addr，第35行是将tr的data元素取出赋给interface的data，从而实现了将transaction转换成信号级激励施加给DUT。

第41行是调用`uvm_component_utils宏，uvm_driver是派生自component类型的class，一般在定义时要调用`uvm_component_utils宏把定义好的class告诉UVM，将该组件添加到UVM的组件列表中，这种机制就是factory机制。这里面就是将定义好的my_driver通知给UVM。

9.2.5 monitor

monitor是负责监测DUT的接口信号的组件，派生自uvm_monitor，它的作用与driver相反，它接收的是来自DUT接口的抽象层次低的信号级描述，输出的是上层的抽象层次高的事务级描述，所有monitor的作用是将信号级描述转换成上层环境能认识的事务级描述。图9-1中实例化了两个monitor：一个实例化到in_agent里面，用于监视DUT的输入；另一个实例化到out_agent里面，用于监视DUT的输出。输入的transaction是经由driver转换成信号输入给DUT的，所以driver可以直接将输入的transaction传递给reference model，有必要使用monitor监视DUT输入再转换成transaction吗？这个不能说是一定必要的，但是标准的UVM平台还是推荐使用的，是由于在实际规模大些的项目中，一个UVM验证平台往往不是由一个人搭建完成的，通常是项目组成员合力完成的，driver根据协议将transaction转换成信号，monitor也是根据这种协议将信号转换成transaction。如果driver和monitor是由不同的人员完成的，那么可以减少由于其中任何一方理解错误导致的对项目整体的影响。一个简单的monitor实例如下：

```
1    class my_monitor extends uvm_monitor;
2        virtual my_if vif;
3        uvm_analysis_port #(my_transaction) ap;
4        //new
5        function new(string name = "my_monitor",uvm_component parent = null);
6            super.new(name,parent);
7        endfunction
8        //build phase:(1)config if.(2)new port
9        virtual function void build_phase(uvm_phase phase);
10            super.build_phase(phase);
11            if(!uvm_config_db#(virtual my_if)::get(this,"","vif",vif))
12                `uvm_fatal("my_monitor","virtual interface must be set for
vif")
13            ap = new("ap",this);
14        endfunction
15        //main phase:(1)new transaction.(2)receive transaction from DUT signal
through if.
16        //          (3)transaction to scoreboard through port
17        task main_phase(uvm_phase phase);
18            my_transaction tr;
19            while(1)begin
20                tr = new("tr");
21                collect_one_pkt(tr);
22                ap.write(tr);
23            end
24        endtask
25        //sub task:receive transaction from DUT signal through if
26        task collect_one_pkt(my_transaction tr);
27            `uvm_info("my_monitor","begin collect one pkt",UVM_LOW);
28            while(1)begin
29                @(posedge vif.clk);
30                if(vif.valid)break;
31            end
32            tr.addr = vif.addr;
33            tr.data = vif.data;
34            `uvm_info("my_monitor","end collect one pkt",UVM_LOW);
35        endtask
36        //add to component list
37        `uvm_component_utils(my_monitor)
38    endclass
```

monitor的代码与driver类似，monitor的作用是监测DUT的端口信号，并转换成transaction发送出去。monitor也是在无限循环里面监测interface信号，然后调用collect_one_pkt任务，将addr和data放入tr中，从而实现了信号级到transaction的转换。

9.2.6 sequence 与 sequencer

sequence的作用是将测试数据的产生从driver中分离出来，使得driver能专注于驱动测试数据的功能。sequence机制包括两部分：sequence和sequencer。首先介绍sequence，它是基于uvm_sequence派生出来的。sequence是用于产生transaction的，所以在定义时要指明它要产生的transaction类型，结合上面介绍的transaction定义，这里面的类型是my_transaction。一个sequence的例子如下所示。

```
1    class my_sequence1 extends uvm_sequence #(my_transaction);
2        my_transaction tr;
3
4        function new(string name = "my_sequence1");
5            super.new(name);
6        endfunction
7
8        virtual task body();
9            if(starting_phase != null)
10               starting_phase.raise_objection(this);
11               repeat(10) begin
12                   `uvm_do(tr)
13               end
14               #100;
15               if(starting_phase != null)
16                   starting_phase.drop_objection(this);
17        endtask
18
19        `uvm_object_utils(my_sequence1)
20   endclass
```

每个sequence里面都有一个重要的任务方法body()，如第8～17行所示，它是sequence作为测试序列的主体部分，需要在body()方法中定义该sequence的功能和行为。其作用是创建transaction，将其随机化，然后传送给sequencer。当sequence启动后，会自动执行body。

sequencer是基于uvm_sequencer派生出来的。uvm_sequencer是一个参数化的类，其参数也是my_transaction。sequencer和sequence之间关系紧密，sequence发送transaction给sequencer，sequencer作为中间体传递给driver，driver进行数据解析，对DUT产生激励。sequence从本质上说是一个object类型，因为item是动态产生的；而sequencer和driver是component，因此sequencer和driver之间的通信是通过TLM端口实现的。sequencer可以挂载多个sequence，每个sequence产生不同的transaction发送给sequencer，一个sequence也可以不停地产生多个transaction发送给sequencer，所以sequencer需要对接收到的transaction进行仲裁。一个sequence在发送transaction之前，需要先向sequencer发送一个请求，sequencer会把这个请求放到仲裁队列中，它需要同时兼顾sequence和driver两侧。如果仲裁队列中有发送请求，但是driver侧没有申请transaction，sequencer会处于一直等待driver的状态，直到driver申请transaction，它会同意sequence的发送请求，sequence只有得到sequencer批准后，才会产生一个transaction并传递给sequencer，然后sequencer将这个transaction传递给driver；

如果仲裁队列中没有发送请求，但是 driver 向 sequencer 申请了 transaction，那么 sequencer 会处于一直等待 sequence 的状态，一直到有 sequence 发送请求，sequencer 会立即同意这个请求，然后 sequence 产生 transaction 并传递给 sequencer，最终经由 sequencer 传递给 driver；如果仲裁队列中有发送请求，同时 driver 也向 sequencer 申请 transaction，那么 sequencer 将会同意 sequence 发送请求，sequence 会产生 transaction，最终将这个 transaction 传递给 driver。driver 向 sequencer 申请 transaction 的例子如下所示：

```
17        task main_phase(uvm_phase phase);
18            vif.valid <= 1'b0;
19            vif.addr <= 'h0;
20            vif.data <= 'h0;
21            while(!vif.rst_n)@(posedge vif.clk);
22            while(1) begin
23                    seq_item_port.get_next_item(req);
24                    drive_one_pkt(req);
25                    seq_item_port.item_done();
26                end
27        endtask
```

上面例子中，driver 通过 get_next_item 这个任务得到一个 transaction，并且驱动它，最后调用 item_done 通知 sequencer 已经取完 transaction。而 sequence 是使用 `uvm_do 宏的方式产生一个 transaction 传递给 sequencer，driver 取走这个 transaction 之后，`uvm_do 宏会等待 driver 返回 item_done 信号，等到这个信号后，`uvm_do 宏才认为执行完毕，返回执行下一次的 `uvm_do。

在 sequencer 中需要启动 sequence，才能将 sequence 中产生的 transaction 传递给 sequencer，启动的例子如下所示。首先创建一个 my_sequence 的实例 seq，之后调用 start 任务，参数是 this。

```
1    task my_sequencer::main_phase(uvm_phase phase);
2
3        my_sequence seq;
4        phase.raise_objection(this);
5        seq = my_sequence::type_id::create("seq");
6        seq.start(this);
7        phase.drop_objection(this);
8
9    endclass
```

9.2.7 agent

UVM 验证平台中 sequencer 和 driver 的关系非常紧密，所以通常将 sequencer 和 driver 封装成 agent，如图 9-1 的平台构成图所示。一个简单的 agent 的例子如下所示：

```
1    class my_agent extends uvm_agent;
2
```

```
3          my_sequencer seqr;
4          my_driver   drv;
5          my_monitor  mon;
6
7          uvm_analysis_port #(my_transaction) ap;
8
9          function new(string name, uvm_component parent);
10             super.new(name, parent);
11         endfunction
12
13         function void build_phase(uvm_phase phase);
14             super.build_phase(phase);
15             if (is_active == UVM_ACTIVE) begin
16                 seqr = my_sequencer::type_id::create("seqr", this);
17                 drv = my_driver::type_id::create("drv", this);
18             end
19             mon = my_monitor::type_id::create("mon", this);
20         endfunction
21
22         function void connect_phase(uvm_phase phase);
23             super.connect_phase(phase);
24             if (is_active == UVM_ACTIVE) begin
25                 drv.seq_item_port.connect(seqr.seq_item_export);
26             end
27             ap = mon.ap;
28         endfunction
29
30          `uvm_component_utils(my_agent)
31     endclass
```

agent派生自uvm_agent，其本身是一个component，因此在第30行使用了`uvm_component相关的宏实现factory机制。第9 ～ 11行是使用new函数创建组件。第13 ～ 20行使用build_phase完成agent内部组件的实例化，agent内部有三个组件，即sequencer、driver和monitor，在第16行、17行和19行实现这三个组件的实例化。第15行的条件判断中使用了is_active变量的值，其实is_active是uvm_agent中的一个成员变量，它有两个值，即UVM_ACTIVE和UVM_PASSIVE，其值为UVM_ACTIVE时表示需要实例化driver，其值为UVM_PASSIVE时表示不需要实例化driver，只需要检测信号，也就是只需要实例化monitor。如图9-1所示的in_agent是需要实例化driver的，所以is_active的值是UVM_ACTIVE，out_agent只实例化monitor了，所以is_active的值是UVM_PASSIVE。第22 ～ 28行是connect_phase任务，它主要完成组件的连接。首先要执行父类的connect_phase，如第23行所示。第25行是当driver存在时将sequencer和driver连接起来。第27行表示将monitor的ap连给agent的ap。

my_agent定义好之后需要在env中实例化为i_agent（in_agent）和o_agent（out_agent）。实例化代码如下所示。

```
1     class my_env extends uvm_env;
2
```

```
3        my_agent i_agent;
4        my_agent o_agent;
5
6        ...
7        //build phase:(1)create i_agent, o_agent
8        virtual function void build_phase(uvm_phase phase);
9            super.build_phase(phase);
10           i_agent = my_agent::type_id::create("i_agent", this);
11           o_agent = my_agent::type_id::create("o_agent", this);
12           i_agent.is_active = UVM_ACTIVE;
13           o_agent.is_active = UVM_PASSIVE;
14       endfunction
15
16       ...
17
18   endclass
```

9.2.8　reference model

验证平台中的reference model用于产生期待值，本章的DUT功能非常简单，所以reference model也非常简单，详细代码如下所示：

```
1    class my_model extends uvm_component;
2
3        uvm_blocking_get_port #(my_transaction) port;
4        uvm_analysis_port #(my_transaction) ap;
5
6        function new(string name, uvm_component parent);
7            super.new(name, parent);
8        endfunction
9
10       function void build_phase(uvm_phase phase);
11           super.build_phase(phase);
12           port = new("port", this);
13           ap = new("ap", this);
14       endfunction
15
16       task main_phase(uvm_phase phase);
17           my_transaction tr;
18           super.main_phase(phase);
19           while(1) begin
20               port.get(tr);
21               ap.write(tr);
22           end
23       endtask
24
25       `uvm_component_utils(my_model);
```

```
26
27    endclass
```

上述代码的第3行定义了一个uvm_blocking_get_port类型的端口，第4行定义了一个uvm_analysis_port类型的端口，它们都是TLM通信的端口，uvm_analysis_port用于发送transaction，uvm_blocking_get_port用于接收transaction。

第6～8行是new函数创建组件。第10～14行是build_phase函数，在这里面将端口port和ap创建出来。第16～23行是main_phase任务，期待值的产生主要是在这里面完成的。由于本章的DUT功能简单，输入数据和输出数据是一样的，不需要特别处理，所以在第20行取到transaction之后，在第21行直接发送出去。

9.2.9　scoreboard

验证平台中的scoreboard的作用是将reference model送过来的期待值与o_agent传递过来的实际输出值进行比较。scoreboard有两个数据来源：一路来自于reference model，另一路来自于o_agent的monitor。例子代码如下所示：

```
1     class my_scoreboard extends uvm_scoreboard;
2         my_transaction exp_queue[$];
3         uvm_blocking_get_port #(my_transaction) exp_port;
4         uvm_blocking_get_port #(my_transaction) act_port;
5         bit result;
6         //new
7         function new(string name,uvm_component parent = null);
8             super.new(name,parent);
9         endfunction
10        //build phase:new port
11        virtual function void build_phase(uvm_phase phase);
12            super.build_phase(phase);
13            exp_port = new("exp_port",this);
14            act_port = new("act_port",this);
15        endfunction
16        //main phase:(1)get transaction from port.(2)compare transactions with
expect and actual
17        virtual task main_phase(uvm_phase phase);
18            my_transaction tr_exp,tr_act,tr_tmp;
19            fork
20                while(1)begin
21                    exp_port.get(tr_exp);
22                    exp_queue.push_back(tr_exp);
23                end
24                while(1)begin
25                    act_port.get(tr_act);
26                    if(exp_queue.size()>0)begin
27                        tr_tmp = exp_queue.pop_front();
```

```
28                              result = tr_act.compare(tr_tmp);
29                              if(result)begin
30                                  `uvm_info("my_scoreboard","compare
successfully",UVM_LOW);
31                                  tr_act.print();
32                              end
33                              else begin
34                                  `uvm_error("my_scoreboard","compare failed");
35                                  $display("the expect pkt is");
36                                  tr_exp.print();
37                                  $display("the actual pkt is");
38                                  tr_act.print();
39                              end
40                          end
41                          else begin
42                              `uvm_error("my_scoreboard","received form DUT,
while expect queue is empty");
43                              $display("the unexpected pkt is");
44                              tr_act.print();
45                          end
46                      end
47              join
48          endtask
49          //add to component list
50          `uvm_component_utils(my_scoreboard)
51      endclass
```

    scoreboard派生自uvm_scoreboard。上述代码第2行定义了一个存储my_transaction类型数据的队列用于存储期待值。第3行和第4行定义了两个uvm_blocking_get_port类型的端口exp_port和act_port，两者用于获取两路transaction。第7～9行是new函数创建组件。第11～15行是build_phase函数，在这里将端口exp_port和act_port创建出来。第17～48行是main_phase任务，scoreboard的主要功能即数据比较在这个任务里面实现。第18行声明了三个my_transaction类型的变量。第19～47行里面使用fork语句的两个并行结构，每个结构里面都是一个无限循环。其中，第20～23行用于从exp_port里面取期待值，并放到期待值队列exp_queue里面；第24～46行是从act_port中取出DUT实际输出的数据。由于reference mode产生期待值没有迟延，但是同样的数据经过DUT处理是有一定迟延的，所以在scoreboard中，reference mode产生的期待值会被认为先到达，需要把它们存到一个队列中。当接收到DUT的输出时，查看队列中是否有数据，如果有数据，那么会从队列中弹出第一个期待值，如第27行所示，第28行是使用compare函数将期待值和实际输出值进行比较，结果赋给result，compare函数是uvm_transaction自带的成员函数，所以可以直接使用。第29～32行是比较结果一致时打印比较成功相关的信息。第33～39行是比较结果不一致时打印比较失败的信息并且打印出期待值和实际值。第41～45行表示如果期待值队列里面没有数据，说明reference mode没有输出期待值，但是DUT输出了实际值，这是不期望的情况，所以打印错误信息。

9.2.10 env

agent、reference model、scoreboard等组件都写完之后，需要把这些组件都实例化到一个大容器里面，那就是env。env的代码例子如下所示：

```
1    class my_env extends uvm_env;
2         my_agent i_agent;
3         my_agent o_agent;
4         my_model mdl;
5         my_scoreboard scb;
6
7         uvm_tlm_analysis_fifo #(my_transaction) agt_scb_fifo;
8         uvm_tlm_analysis_fifo #(my_transaction) agt_mdl_fifo;
9         uvm_tlm_analysis_fifo #(my_transaction) mdl_scb_fifo;
10        //new
11        function new(string name = "my_env",uvm_component parent);
12             super.new(name,parent);
13        endfunction
14        //build phase:(1)create dirver,monior,scoreboard.(2)new fifo to save
     transaction
15        virtual function void build_phase(uvm_phase phase);
16             super.build_phase(phase);
17             i_agent = my_agent::type_id::create("i_agent", this);
18             o_agent = my_agent::type_id::create("o_agent", this);
19             i_agent.is_active = UVM_ACTIVE;
20             o_agent.is_active = UVM_PASSIVE;
21             mdl = my_model::type_id::create("mdl", this);
22             scb = my_scoreboard::type_id::create("scb", this);
23             agt_scb_fifo = new("agt_scb_fifo", this);
24             agt_mdl_fifo = new("agt_mdl_fifo", this);
25             mdl_scb_fifo = new("mdl_scb_fifo", this);
26        endfunction
27        //connect phase:connect a pair of port with driver/monitor/
     scoreboard and fifo
28        virtual function void connect_phase(uvm_phase phase);
29             super.connect_phase(phase);
30             i_agent.ap.connect(agt_mdl_fifo.analysis_export);
31             mdl.port.connect(agt_mdl_fifo.blocking_get_export);
32             mdl.ap.connect(mdl_scb_fifo.analysis_export);
33             scb.exp_port.connect(mdl_scb_fifo.blocking_get_export);
34             o_agent.ap.connect(agt_scb_fifo.analysis_export);
35             scb.act_port.connect(agt_scb_fifo.blocking_get_export);
36        endfunction
37        //add to component list
38        `uvm_component_utils(my_env);
39    endclass
```

第2～5行实例化了2个agent：1个reference model，1个scoreboard。第7～9行实例化了3个fifo，它们用来连接uvm_blocking_get_export和ap。第11～13行是new函数创建组件。第15～26行是build_phase函数，在这里将i_agent、o_agent、mdl、scb以及3个fifo全部创建出来，并且将i_agent、o_agent里面的is_active变量根据需要进行赋值。第28～36行是connect_phase函数，它的作用是将各个组件连接起来。第30行和第31行是将i_agent和reference model通过agt_mdl_fifo连接起来。第32行和第33行是将reference model和scoreboard通过mdl_scb_fifo连接起来。第34行和第35行是将o_agent和scoreboard通过agt_scb_fifo连接起来。

9.2.11　测试用例

为了验证DUT的功能，需要施加不同的激励，这些激励被称为测试用例或pattern。通常一种功能的测试所需要施加的一组激励做成一个pattern，不同功能的测试就是不同的测试用例，如图9-1中的testcase0和testcase1就是不同的测试用例。不同的测试向量都要基于基类uvm_test，先定义一个uvm_test的派生类my_test，然后所有的测试向量都要基于my_test产生。一个简单的my_test的例子如下。

```
1    class my_test extends uvm_test;
2
3        my_env  env;
4
5        function new(string name = "my_test", uvm_component parent=null);
6            super.new(name, parent);
7        endfunction
8
9        function void build_phase(uvm_phase phase);
10           super.build_phase(phase);
11           env  =  my_env::type_id::create("env", this);
12       endfunction
13
14       `uvm_component_utils(my_test);
15
16   endclass
```

上面这个例子的代码比较简单，主要是在第11行创建了my_env，实际的项目中，my_test可能会复杂一些，会做一些打印信息存放文件等的设置。

my_test定义好了之后就可以写不同的测试向量了，下面是一个简单的测试用例。

```
1    class my_case_1 extends my_test;
2
3        function new(string name = "my_case_1",uvm_component parent=null);
4            super.new(name,parent);
5        endfunction
6
7        function void build_phase(uvm_phase phase);
```

```
8              super.build_phase(phase);
9              uvm_config_db#(uvm_object_wrapper)::set(this, "env.i_agent.seqr.
main_phase",
10                            "default_sequence", my_sequence1::type_id::
get());
11         endfunction
12
13         `uvm_component_utils(my_case_1)
14
15     endclass
```

第1行定义的测试用例的名字是my_case_1，派生自之前定义的my_test。第9行和第10行通过config_db机制的set函数通知env.i_agent.seqr，让它在运行到main_phase时自动启动前面定义的my_sequence，这样就自动启动sequence了。

测试平台往往需要多个甚至上百个测试用例，可是在my_sequencer里面只能写一个sequence，比如在my_case_1里面用到sequence1，my_case_2里面用到sequence2，这种情况怎么办呢？通过config_db机制的set函数可以让sequencer自动启动sequence实现。代码如下所示。

```
1    class my_sequence2 extends uvm_sequence #(my_transaction);
2        my_transaction tr;
3
4        function new(string name = "my_sequence2");
5            super.new(name);
6        endfunction
7
8        virtual task body();
9            if(starting_phase != null)
10                starting_phase.raise_objection(this);
11                repeat(10) begin
12                    `uvm_do_with(tr, {tr.addr[1:0] == 2'b00;})
13                end
14                #100;
15                if(starting_phase != null)
16                    starting_phase.drop_objection(this);
17        endtask
18
19        `uvm_object_utils(my_sequence2)
20    endclass
21
22    class my_case_2 extends my_test;
23
24        function new(string name = "my_case_2",uvm_component parent=null);
25            super.new(name,parent);
26        endfunction
27
28        function void build_phase(uvm_phase phase);
```

```
29              super.build_phase(phase);
30              uvm_config_db#(uvm_object_wrapper)::set(this, "env.i_agent.seqr.
main_phase",
31              "default_sequence", my_sequence2::type_id::get());
32          endfunction
33
34          `uvm_component_utils(my_case_2)
35
36      endclass
```

上述代码的第12行使用了`uvm_do_with，它是`uvm_do系列中的一个宏，用来在产生随机数时添加约束条件，该例中的约束条件是生成的addr的低2位是0。

9.2.12　tb_top

测试平台在进行仿真时，第一个运行的顶层module就是tb_top（可以根据自己的喜好命名），例子代码如下所示。

```
1      `timescale 1ns/1ps
2      `include "uvm_macros.svh"
3      import uvm_pkg::*;
4
5      `include "my_if.sv"
6      `include "my_transaction.sv"
7      `include "my_sequencer.sv"
8      `include "my_driver.sv"
9      `include "my_monitor.sv"
10     `include "my_scoreboard.sv"
11     `include "my_agent.sv"
12     `include "my_model.sv"
13     `include "my_env.sv"
14     `include "my_test.sv"
15     `include "my_sequence1.sv"
16     `include "my_case_1.sv"
17
18     module tb_top;
19     reg  clk;
20     reg  rst_n;
21     //instance if
22     my_if  i_if(clk,rst_n);
23     my_if  o_if(clk,rst_n);
24     //instance DUT
25     bus_dut dut(
26          .rst_n (rst_n),
27          .clk   (clk),
28          .i_valid(i_if.valid),
29          .i_addr (i_if.addr),
```

```
30              .i_data (i_if.data),
31              .o_valid(o_if.valid),
32              .o_addr (o_if.addr),
33              .o_data (o_if.data)
34          );
35
36      //config if
37      initial begin
38          uvm_config_db#(virtual my_if)::set(null,"uvm_test_top.env.i_agent.drv",
"vif",i_if);
39          uvm_config_db#(virtual my_if)::set(null,"uvm_test_top.env.i_agent.mon",
"vif",i_if);
40          uvm_config_db#(virtual my_if)::set(null,"uvm_test_top.env.o_agent.mon",
"vif",o_if);
41      end
42      //generate clk
43      initial begin
44          clk = 1'b0;
45          forever begin
46              #100 clk = ~clk;
47          end
48      end
49      //generate reset
50      initial begin
51          rst_n = 1'b0;
52          #1000;
53          rst_n = 1'b1;
54      end
55
56      //run env
57      initial begin
58          run_test("");
59      end
60
61      endmodule
```

第22行和第23行实例化2个interface：i_if是输入端口，用于与driver、monitor相连；o_if是输出端口，用于与monitor相连。第25～34行进行DUT的实例化，并且把DUT的端口与i_if和o_if连接起来。第38～40行通过config_db机制的set函数把i_if通知给i_agent内的driver和monitor，o_if通知给o_agent内的monitor，从而可以实现DUT和driver、monitor的通信。第43～48行产生仿真和DUT用的时钟。第50～54行产生DUT用的复位信号。第58行调用函数run_test，它是UVM的一个全局函数，当仿真环境运行到它时，开始启动UVM。

9.2.13　UVM环境的启动

各个测试用例写好之后就可以运行仿真了，那么验证平台是如何启动的呢？例如采用下面的方式可以启动my_case_1。当仿真其他case时，只需要修改等号右边的case名就可以了。

```
<sim_command> ...... +UVM_TESTNAME=my_case_1
```

环境编译完成后，通过在命令行中使用UVM_TESTNAME指定测试用例的名字，仿真开始运行后会先进入顶层模块tb_top，当执行到run_test后，开始启动UVM验证平台，验证平台会根据输入的+UVM_TESTNAME后面的字符串创建一个测试case的实例，然后会执行my_case_1里面的build_phase，创建env，接着执行env里面的build_phase，创建env下属的各个成员变量。自上而下执行所有组件的build_phase，之后再依次执行connect_phase、main_phase等，当所有phase都执行完毕后，仿真结束。

9.3 UVM基础

本节将重点介绍UVM中两个最基本的概念，即component和object，这两个概念对于初学者来说比较容易混淆。本节将介绍它们之间的区别与联系。

9.3.1 uvm_component, uvm_object派生关系

前面章节在定义sequence、driver等时，提到它们派生自uvm_sequence、uvm_driver等类，这些类有些是派生自uvm_component或其派生类，有些是派生自uvm_object或其派生类。但是uvm_component与uvm_object并不是对等关系，uvm_object是最基本的类，uvm_component本身也是继承自uvm_object的，具体的派生关系如图9-3所示。

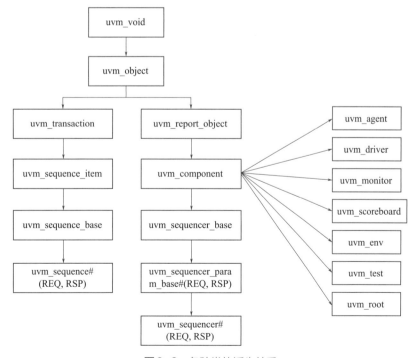

图9-3　各种类的派生关系

从图9-3中可以看出，uvm_object是最基本的类，除了driver、monitor、agent、model、scoreboard、env、test之外的几乎所有类都派生自uvm_object。uvm_component派生自uvm_object，因此uvm_component具有uvm_object的所有特性。除此之外，uvm_component相比uvm_object多出来两点特性：一是增加了new函数的parent参数，使其可以构成UVM树形结构；二是有phase的自动执行的特点。

从图9-3中可以发现，没有定义reference model的基类，通常来说，reference model直接派生自uvm_component。由于不要求其代码可综合，所以可以直接使用SystemVerilog，也可以通过DPI接口调用其他高级语言。

uvm_object是最基本的类，因此它的功能相对是最简单的，其他类都是在它的基础上派生并进行扩展的。在UVM验证平台中经常用到的派生自uvm_object的类如下：

① uvm_sequence_item。transaction是一个封装了关键信息的类，例如9.1节中提到的my_transaction就是将地址和数据封装到一起的。所有的transaction都是从uvm_sequence_item派生的。虽然从图9-3中看到有一个uvm_transaction类，但是不能从它派生transaction，而要从uvm_sequence_item派生。实际上uvm_sequence_item派生自uvm_transaction，并且添加了很多实用的成员变量和函数，因此从uvm_sequence_item派生transaction就可以继承这些特性。

② uvm_sequence。所有的sequence都要从uvm_sequence派生，sequence就是sequence_item的组合。sequence直接与sequencer打交道，当driver向sequencer索要transaction时，sequencer会检查是否有sequence要发送数据，当发现有sequence_item要发送时，会将其交给driver。

③ config。所有的config一般都是直接从uvm_object派生的，config主要用来规范验证平台的行为方式。例如规定数据包的长度等。

④ uvm_reg_item。用于register model中，它派生自uvm_sequence_item。

⑤ uvm_phase。它也派生自uvm_object，主要作用是控制uvm_component的行为方式，使其可以在各个phase之间依次运转。

除了上面这些之外，还有很多派生类，在此不一一介绍了。

uvm_component的派生类要少于uvm_object，主要包括以下几种：

① uvm_driver。所有的driver都派生自uvm_driver。driver的主要功能就是向sequencer索要sequence_item，即transaction，并且将transaction转换成满足要求的信息输入给DUT，完成了从transaction级别到端口信号级别信息的转换。与uvm_component相比，uvm_driver没有对函数/任务进行扩展，只是多了以下几个成员变量：

```
1    uvm_seq_item_pull_port #(REQ, RSP) seq_item_port;
2    uvm_seq_item_pull_port #(REQ, RSP) seq_item_prod_if;
3    uvm_analysis_port #(RSP) rsp_port;
4    REQ req;
5    RSP rsp;
```

② uvm_monitor。所有的monitor都派生自uvm_monitor。monitor的功能与driver正好相反，driver是将transaction转换成信号输入给DUT，monitor是收集DUT的输出信号并将其转化成transaction传递给scoreboard，供其对比确认。与uvm_component相比，uvm_monitor几乎没有做任何扩充。

③ uvm_sequencer。所有的sequencer都派生自uvm_sequencer。sequencer的功能就是组织管理sequence，当driver要数据时，它就把sequence生成的sequence_item转发给driver。与uvm_component相比，uvm_sequencer做了很多扩展。

④ uvm_scoreboard。scoreboard一般都派生自uvm_scoreboard。scoreboard的功能就是将monitor和reference model送过来的transaction进行对比，根据比较结果判断DUT是否正确。与uvm_component相比，uvm_scoreboard也几乎没有做扩展。

⑤ reference model。UVM中没有针对reference model 定义一个类，一般都是从uvm_component派生。reference model的作用就是用不同的方法模拟DUT的功能产生输出。由于reference model不需要考虑时序，所以可以直接使用SystemVerilog写，或是采用其他语言，比如C语言等，然后通过DPI等接口调用。

⑥ uvm_agent。所有的agent都派生自uvm_agent。agent的作用只是把driver和monitor封装到一起，根据实际需要决定是否只实例化monitor，还是要同时实例化driver和monitor。agent的设计主要是为了环境的可重用性。与uvm_component相比，uvm_agent的最大变化就是引入了一个变量is_active，该部分的UVM源代码如下：

```
1   virtual class uvm_agent extends uvm_component;
2   uvm_active_passive_enum is_active = UVM_ACTIVE;
3       …
4     function void build_phase(uvm_phase phase);
5        int active;
6        super.build_phase(phase);
7      if (get_config_int("is_active", active)) is_active = uvm_active_passive_
enum'
8           (active);
9     endfunction
```

其中，get_config_int这行的作用是获取参数值，is_active是一个枚举变量，有两种取值，即0或者1，所以通过这一行代码可以将传递过来的数据强制转换成int类型，并传递给uvm_agent。

⑦ uvm_env。所有的env都派生自uvm_env。env的作用是将验证平台内用到的固定不变的component都封装起来。当运行不同的测试用例时，只要在测试用例中实例化env即可。与uvm_component相比，uvm_env也几乎没有做扩展。该部分的UVM源代码如下：

```
1   virtual class uvm_env extends uvm_component;
2       …
3   function new (string name="env", uvm_component parent=null);
4   super.new(name,parent);
5   endfunction
6
7   const static string type_name = "uvm_env";
8
9   virtual function string get_type_name();
10    return type_name;
11  endfunction
12
13  endclass
```

⑧ uvm_test。所有的测试用例都派生自uvm_test或其派生类。任何一个派生出来的测试用例中，都要实例化env，当测试用例运行的时候，才能正常地给DUT传送数据以及接收DUT的输出数据。与uvm_component相比，uvm_test也几乎没有做扩展。该部分的UVM源代码如下：

```
1    virtual class uvm_test extends uvm_component;
2        ...
3    function new (string name, uvm_component parent);
4        super.new(name,parent) ;
5    endfunction
6
7    const static string type_name = "uvm_test";
8
9    virtual function string get_type_name();
10        return type_name;
11    endfunction
12
13   endclass
```

uvm_object相关的factory宏如下。

① `uvm_object_utils：用于将直接或间接派生自uvm_object的类注册到factory中。

② `uvm_object_param_utils：用于将直接或间接派生自uvm_object的参数化的类注册到factory中。

③ `uvm_object_utils_begin：用于开启field_automation机制。

④ `uvm_object_param_utils_begin：作用与`uvm_object_utils_begin类似，它适用于参数化的类，并且这个类中的某些成员变量要使用field_automation机制。

⑤ `uvm_object_utils_end：与`uvm_object_*_begin配对使用，表示factory注册的结束。

uvm_component相关的factory宏如下。

① `uvm_component_utils：用于将直接或间接派生自uvm_component的类注册到factory中。

② `uvm_component_param_utils：用于将直接或间接派生自uvm_component的参数化的类注册到factory中。

③ `uvm_component_utils_begin：与`uvm_object_utils_begin相似，用于开启field_automation机制。

④ `uvm_component_param_utils_begin：作用与`uvm_component_utils_begin类似，它适用于参数化的类，并且这个类中的某些成员变量要使用field_automation机制。

⑤ `uvm_component_utils_end：与`uvm_component_*_begin配对使用，表示factory注册的结束。

9.3.2 UVM的树形结构

UVM采用树形结构管理验证平台中的各个组件。sequencer、driver、monitor、agent、scoreboard、env等都是树的一个节点。UVM通过uvm_component来实现树形结构。所有UVM树的节点本质上都是一个uvm_component，它们在new的时候，都需要指定一个类型为 uvm_component、名字是 parent 的变量。示例代码如下：

```
1    class A extends uvm_component;
2        ......
3    endclass
4    class B extends uvm_component;
5        A inst_a
6        virtual function void build_phase (uvm_phase, phase);
7            inst_a = new("inst_a", this);
8        endfunction
9    endclass
```

在实例化 inst_a 的时候，把 this 指针传递给了它，代表 B 是 inst_a 的 parent。那为什么要指定一个 parent 呢？A 是 B 的成员变量，那么显然 B 就是 A 的 parent 了，就不用在 new 的时候指定了，即 inst_a 在实例化时可以这样写：

```
1    inst_a = new("inst_a");
```

完整的 UVM 树形结构如图 9-4 所示。其中树根是 uvm_top，uvm_top 是一个全局变量，它是 uvm_root 的唯一的一个实例，而 uvm_root 派生自 uvm_component，所以 uvm_top 其实是一个 uvm_component，它的 parent 是 null，uvm_test_top 的 parent 是 uvm_top。如果一个 uvm_component 在实例化时，将其 parent 设置成 null，那么这个 component 会被认为是系统中唯一的 uvm_root 的实例 uvm_top。uvm_root 可以保证整个验证平台中只有一棵树，所有节点都是 uvm_top 的子节点。

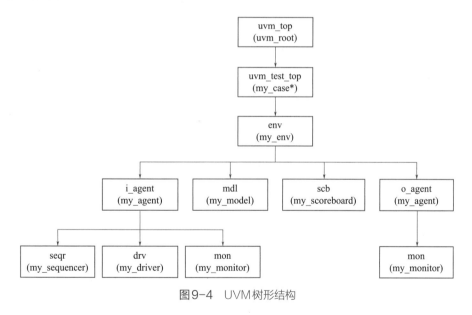

图9-4　UVM树形结构

9.3.3　field automation 机制

在 UVM 中，field automation 机制是为了方便用户对事务进行打印、复制、打包、解压、比较、记录等一系列操作而建立的一套服务机制，即使用 UVM 内建的函数对事务进行处理。

要使用field automation机制，在事务定义中需要对数据使用 `uvm_field_*进行注册，常用的有以下几种系列宏：

① `define uvm_field_int(ARG, FLAG)——用于注册整数类型。

② `define uvm_field_real(ARG, FLAG)——用于注册实数类型。

③ `define uvm_field_enum(T, ARG, FLAG)——用于注册枚举类型。

④ `define uvm_field_object(ARG, FLAG)——用于注册直接或间接派生自uvm_object的类型。

⑤ `define uvm_field_event(ARG, FLAG)——用于注册事件类型。

⑥ `define uvm_field_string(ARG, FLAG)——用于注册字符串类型。

其中，ARG参数为需要注册的变量名字；FLAG为标识符，实际为一个17bit的数字，如果某个bit设置为1，则代表打开那个bit对应的功能；T为enum名字。

动态数组相关的uvm_field宏有以下几种：

① `define uvm_field_array_enum(ARG, FLAG)

② `define uvm_field_array_int(ARG, FLAG)

③ `define uvm_field_array_object(ARG, FLAG)

④ `define uvm_field_array_string(ARG, FLAG)

静态数组相关的uvm_field宏有以下几种：

① `define uvm_field_sarray_enum(ARG, FLAG)

② `define uvm_field_sarray_int(ARG, FLAG)

③ `define uvm_field_sarray_object(ARG, FLAG)

④ `define uvm_field_sarray_string(ARG, FLAG)

field automation机制主要提供了以下函数：

■ （1）extern function void copy (uvm_object rhs)

该函数的功能是复制。例如要把某个实例TEMP1复制到实例TEMP2中，需要先使用new函数给实例TEMP2分配好内存空间，然后可以使用TEMP2.copy(TEMP1)完成复制。

■ （2）extern function bit compare (uvm_object rhs, uvm_comparer comparer=null)

该函数可用来比较两个实例。例如要比较TEMP1和TEMP2是否一致，可以使用TEMP1. compare (TEMP2)，也可以使用TEMP2. compare (TEMP1)。当两者一致时返回1，否则返回0。

■ （3）extern function int pack_bytes (ref byte unsigned bytestream[], input uvm_packer packer=null)

该函数用于将所有的字段打包成byte流。例如要将tr中的所有字段变成byte流打包到data1中，可以使用tr.pack_bytes(data1)。使用这一函数完成打包可以大量地减少代码量。

■ （4）extern function int unpack_bytes (ref byte unsigned bytestream[], input uvm_packer packer=null)

该函数用于将一个byte流解包逐一恢复到某个类的实例中。

■ （5）extern function int pack (ref bit bitstream[], input uvm_packer packer=null)

该函数用于将所有字段打包成bit流，使用方法与pack_bytes类似。

■ （6）extern function int unpack (ref bit bitstream[], input uvm_packer packer=null)

该函数用于将一个bit流解包逐一恢复到某个类的实例中，使用方法与unpack_bytes类似。

■ （7）extern virtual function uvm_object clone ()

该函数用于分配一块内存空间，并把另一个实例复制到这块新的内存空间中。

■ （8）extern function void print (uvm_printer printer=null)

该函数用于打印所有的字段。

除了上面这些函数之外，field automation机制还提供了自动使用config_db::set设置的参数的功能，将在9.3.4节中详细介绍。

9.3.4 config_db机制

在UVM平台环境中，config_db机制是用于在平台间传递参数的，通常都是成对使用的。例如，set函数与get函数，在某个测试用例的build_phase使用如下方式进行送信：

```
1    uvm_config_db #(int)::set(this, "env.i_agent.drv", "val", 100)
```

其中，第一个参数和第二个参数联合起来组成目标路径，与此目标路径匹配的目标才能收信。第三个参数表示一个记号，用于指示这个值传递给目标中的哪个成员，第四个参数是要设置的值。

在driver的build_phase中使用如下方式收信：

```
1    uvm_config_db #(int)::get(this, " ", "val", val)
```

其中，第一个参数和第二个参数联合起来组成目标路径，一般如果第一个参数设置成this，则第二个参数可以是一个空的字符串。第三个参数就是set函数中的第三个参数，两者必须完全一致。第四个参数是要设置的变量。

在9.2.12节的例子中，tb_top中通过config_db机制的set函数设置virtual interface时，第一个参数为null，这种情况下，UVM会自动把第一个参数替换为uvm_root::get()，即uvm_top。即以下两种写法是一样的。

```
1    initial begin
2        uvm_config_db #(virtual my_if) :: set(null, "uvm_test_top.env.i_agent.
drv",
3        "vif", i_if);
4    end
5
6    initial begin
```

```
7           uvm_config_db #(virtual my_if) :: set(uvm_root :: get(),
8           "uvm_test_top.env.i_agent.drv", "vif", i_if);
9    end
```

9.4 UVM验证环境的运行

9.4.1 phase机制

phase机制是UVM中非常重要的一个功能。phase是自动执行的，按照其是否消耗仿真时间，可以分为两大类：

① function phase，例如build_phase、connect_phase等，这些phase都不需要消耗仿真时间。

② task phase，例如run_phase等，它们都需要消耗仿真时间。

给DUT施加激励、检测DUT的输出都是在这些phase中完成的。UVM的运行按照图9-5，从上往下是按照phase推进的。其中蓝色背景表示的是task phase，其他为function phase。对于function phase来说，同一时间内只有一个phase在执行；但是在task phase中，run_phase和pre_reset_phase等12个小的phase并行运行，这就达到了并行运行的目的。UVM引入这12个小的phase是为了实现更加精细化的控制。reset、configure、main、shutdown这4个phase是核心，它们通常模拟DUT的正常工作方式，reset_phase对于DUT进行复位等操作，

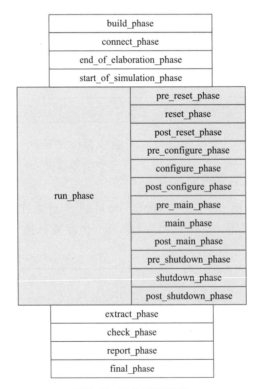

图9-5　UVM树形结构

configure_phase进行DUT的配置，main_phase进行运行，shutdown_phase则是做一些断电相关的操作。

对于task phase，其顺序大致如下：

```
1    fork
2      begin
3        run_phase();
4      end
5      begin
6        pre_reset_phase();
7        reset_phase();
8        post_reset_phase();
9        pre_configure_phase();
10       configure_phase();
11       post_configure_phase();
12       pre_main_phase();
13       main_phase();
14       post_main_phase();
15       pre_shutdown_phase();
16       shutdown_phase();
17       post_shutdown_phase();
18     end
19   join
```

UVM提供了众多phase，但是在实际应用中一般不会全部用上。使用较多的是build_phase、connect_phase和main_phase。这些phase的设置方便验证人员将不同的代码写在不同的phase，提高代码的可读性。

对于UVM树来说，共有三种顺序可供选择：自上而下、自下而上、随机顺序。其中，随机顺序是不受人为控制的，实际编码过程中尽量不要使用这种不受控制的代码。因此可以选择的只有自上而下或自下而上。

假如UVM不是采用自上而下的顺序执行build_phase，会引发什么问题呢？UVM是在build_phase中进行实例化的工作，driver和monitor都是agent的成员变量，所以它们的实例化都是在agent的build_phase中执行。如果在agent的build_phase之前执行driver的build_phase，此时driver还没有实例化，所以调用driver.build_phase只会引发错误。

除了自上而下的执行顺序外，UVM的phase还有一种自下而上的执行方式。除了build_phase之外，所有不消耗仿真时间的phase都是自下而上执行的。例如connect_phase是先执行driver和monitor的connect_phase，然后再执行agent的connect_phase。

无论是自上而下还是自下而上，都只适应于UVM树中有直系关系的component。那么对于同一层次的具有兄弟关系的component，如driver和monitor，执行顺序是什么样的呢？实际上执行顺序是按照实例化时指定名字的字典序，字典序的排序是依据new时指定的名字。假如monitor在new时指定的名字为aaa，而driver的名字为bbb，则会先执行monitor的build_phase。如果monitor实例化名字为mon，driver实例化名字为drv，那么将先会执行driver的build_phase。

run_phase、main_phase等task phase也都是按照自下而上的顺序执行的。但是与function

phase不同的是，这种task phase是耗费时间的，所以它并不是等到下面的phase（如driver的run_phase）执行完才执行上面的phase（如agent的run_phase），而是将这些run_phase通过fork…join_none的形式全部启动，即自下而上启动，同时在运行。

对于同一component来说，其12个run-time的phase是顺序执行的，但是它们并不是一个phase执行完就立刻执行下一个phase，而是要在一个小的phase执行完后看看其他component的同名小phase有没有执行完，等所有的执行完了，才会进入下一个小的phase，也就是说需要有一个同步的过程。

9.4.2　objection机制

在UVM中，通过objection机制控制验证平台的关闭。在验证平台中，通过drop_objection通知系统关闭验证平台。在drop_objection之前，需要先使用raise_objection提出异议。示例代码如下：

```
1    task main_phase(uvm_phase phase)
2        phase.raise_objection(this);
3        ......
4        phase.drop_objection(this);
5    endtask
```

在进入某一phase时，UVM平台会收集此phase提出的所有objection，并且实时监测所有的objection是否已经撤销了，当所有的都已经撤销后，那么就会关闭此phase，开始进入下一个phase。当所有的phase都执行完毕后，会调用 $finish把整个平台关掉。

如果发现phase中没有任何objection，那么将会跳转到下一个phase中。例如下面的代码中，只有driver中有objection，而monitor中没有，driver中的代码显然是可以执行的，那么monitor中的代码能执行吗？答案是肯定能执行的。当进入到monitor后，系统会监测到已经有objection被提起了，所以会执行monitor中的代码，当过了200个时间单位后，driver中的objection就被drop了，此时，UVM环境会监测到所有的objection都被drop了（因为只有driver中有objection），于是UVM会"杀掉"monitor中的无限循环，并跳入下一个phase。

```
1    task driver::main_phase(uvm_phase phase)
2        phase.raise_objection(this);
3        #200;
4        phase.drop_objection(this);
5    endtask
6
7    task monitor::main_phase(uvm_phase phase)
8        while(1) begin
9            ......
10           end
11   endtask
```

假如driver中没有raise_objection，并且其他component的main_phase里也没有raise_objection，那么在进入main_phase后，验证平台发现没有任何objection，于是虽然driver中

有一个延时200个时间单位的代码，monitor中有一个无限循环，但是UVM都不会理会，它会直接跳到下一个phase。如果想执行一些消耗时间的代码，那么一定要在此phase下任意的component中至少使用一次raise_objection。上面的结论只适用于12个小的phase，对于run_phase则不适用。run_phase与动态运行的phase是并行运行的，如果12个动态运行的phase有raise_objection，那么run_phase根本不需要raise_objection就可以自动执行。

在UVM树形结构中，节点众多，那么应该在什么地方控制objection呢？一般来说，在一个实际的验证平台中，通常会有以下两种objection的控制策略可供选择。

① 在scoreboard中进行控制。

② 在sequence中把sequencer的objection给raise起来，当sequence完成之后，再drop此objection。

实际验证平台中应用最多的是第二种，这种方法的好处是不必设置发送包的数量。但是这种方法的限制条件是此sequence必须是作为sequencer的某个phase的default_sequence，这个是比较容易实现的。

习题

1. UVM验证平台包括哪些组件？各个组件的作用是什么？

2. uvm_component与uvm_object之间的区别和联系有哪些？

3. 什么是uvm_root类？

4. filed automation机制的作用是什么？

5. UVM平台中，config_db机制有什么作用？

6. 为什么需要phase机制？不同的phase有什么区别？

7. uvm phase仿真是怎么开始启动的？

8. VCS中通过什么方式执行对应的test case？

9. 如何使用uvm_config_db的get()和set()方法？

10. sequencer和driver之间如何实现握手？

第10章

仿真验证EDA工具

▶▶ 思维导图

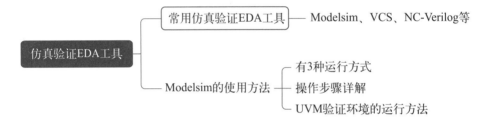

10.1 常用仿真验证EDA工具

当今业界一般使用Verilog HDL和VHDL的RTL级编程语言进行电路设计和功能验证，其中，Verilog HDL更为常用。业界常用的仿真验证EDA工具如表10-1所示，它们均可以对RTL级的代码进行设计和验证。

表10-1 业界常用的仿真验证EDA工具

编程语言	EDA工具	研发公司
Verilog HDL	Modelsim	Mentor
	VCS	Synopsys
	NC-Verilog	Cadence
	Verilog-XL	

编程语言	EDA工具	研发公司
VHDL	Modelsim	Mentor
	VCS	Synopsys
	NC-VHDL	Cadence
	Leapfrog	

10.2 Modelsim 工具简介

Mentor 公司的 Modelsim 是业界常用的 HDL 语言仿真软件，它能提供友好的仿真环境，支持 VHDL 和 Verilog 混合仿真。它采用直接优化的编译技术、Tcl/Tk 技术和单一内核仿真技术，编译仿真速度快，编译的代码与平台无关，便于保护 IP 核，个性化的图形界面和用户接口为用户加快调错提供强有力的支持，是 FPGA/ASIC 设计的首选仿真软件。

主要特点如下：

· RTL 级和门级优化，本地编译结构，编译仿真速度快，跨平台、跨版本仿真；
· 单内核 VHDL 和 Verilog 混合仿真；
· 源代码模板和助手，项目管理；
· 集成了性能分析、波形比较、代码覆盖、数据流 ChaseX、SignalSpy、虚拟对象 Virtual Object、Memory 窗口、Assertion 窗口、源码窗口显示信号值、信号条件断点等众多调试功能；
· C 和 Tcl/Tk 接口，C 调试；
· 对 SystemC 的直接支持，和 HDL 任意混合；
· 支持 SystemVerilog 的设计功能；
· 对系统级描述语言的最全面支持，包括 SystemVerilog、SystemC、PSL；
· ASIC Sign off；
· 可以单独或同时进行行为（behavioral）、RTL 级和门级（gate-level）的代码。

Modelsim 有几种不同的版本：SE、PE、LE 和 OEM。其中，SE 是最高级的版本，而集成在 Actel、Atmel、Altera、Xilinx 以及 Lattice 等 FPGA 厂商设计工具中的均是其 OEM 版本。

SE 版和 OEM 版在功能和性能方面有较大差别，比如对于大家都关心的仿真速度问题，以 Xilinx 公司提供的 OEM 版本 Modelsim XE 为例：对于代码少于 40000 行的设计，Modelsim SE 比 Modelsim XE 要快 10 倍；对于代码超过 40000 行的设计，Modelsim SE 要比 Modelsim XE 快近 40 倍。

Modelsim SE 支持 PC、UNIX 和 LINUX 混合平台，提供全面完善以及高性能的验证功能，全面支持业界广泛的标准，Mentor Graphics 公司提供业界最好的技术支持与服务。

10.3 Modelsim 的使用方法

Modelsim 工具安装完成后，可以通过以下三种方式来运行。

方式一： 在Quartus、Xilinx SE、Vivado等设计工具中设置关联Modelsim工具，在设计工具中点击"仿真"按钮，可以自动启动Modelsim执行仿真。

方式二： 运行Modelsim工具，新建项目，按照操作步骤添加项目文件，执行仿真。

方式三： 编写脚本文件，在Modelsim的Transcript命令窗口中直接执行脚本文件。

方式二比较常用，方式三效率高，下面主要介绍方式二和方式三的使用方法。

10.3.1 【方式二】的使用方法

■ （1）新建工程

点击菜单File->New->Project...，弹出对话框。如图10-1所示。

Project Name：工程名，一般以字母或下画线命名，不要出现中文字符和空格。

Project Location：文件保存路径，不要出现中文字符。点击Browse，可以选择路径。

其他默认，点击OK继续。

■ （2）添加或新建文件

弹出对话框，用于添加或新建文件，如图10-2所示。

如果已经有要仿真的文件，点击Add Existing File打开文件；如果没有，则创建新的文件。

图10-1　新建项目对话框

图10-2　添加内容对话框

■ （3）新建文件

点击对话框中的"Create New File"，弹出一个建立文件的窗口。如图10-3所示。

图10-3　添加文件对话框

File Name：文件名称，一般以字母、数字、下画线命名，注意不要出现空格和中文字符。

Add file as type：选择文件类型，可以选择VHDL或Verilog文件类型。

Folder：默认。

说明：至少需要新建两个文件，一个是电路设计的RTL文件，一个是Testbench文件。

■ （4）新建电路设计的RTL文件

图10-3中的文件类型中，选择"Verilog"，新建RTL文件。

■ （5）新建Testbench文件

图10-3中的文件类型中，选择"Testbench"，新建Testbench文件。

■ （6）创建完成

窗口中显示新创建文件，如图10-4所示。

在Project图窗可以看到创建的两个文件，如果没有Project图窗：View->勾选Project(x)。

■ （7）编写源文件

双击打开创建的源文件MyDesign.v进行编写。如图10-5所示。

双击打开创建的源文件tb.v进行编写。如图10-6所示。

图10-4　文件创建完成

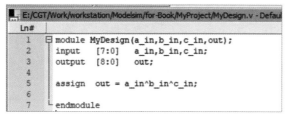

图10-5　编写RTL代码

图10-6　编写Testbench代码

■ （8）编译文件

点击菜单Compile->Compile All，或直接点击图标🔨。如图10-7所示。

实行编译后，Project图窗中的绿色对勾表示编译成功，另外，也可以从Transcript框中查看编译结果、报错信息等。

■ （9）仿真

点击菜单Simulate->Start Simulation，或直接点击图标🐾，在弹出的窗口中选择work中的tb，作为仿真的顶层模块，点击OK，开始仿真。如图10-8所示。

图10-7 编译成功界面

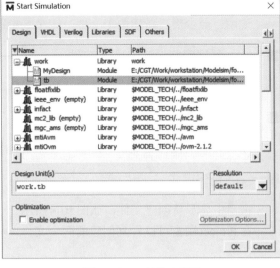

图10-8 开始仿真界面

■ （10）查看仿真波形

在Object框中，选择要观察波形的信号，添加到右侧的波形窗口中。执行操作：选中信号 -> 右键 ->Add Wave。

然后，点击菜单Simulate->Run->Run All，或直接点击图标，运行仿真，观测仿真波形。如图10-9所示。

图10-9 仿真波形窗口

10.3.2 【方式三】的使用方法

① 建立仿真文件夹，新建或复制源文件到该文件夹中。

② 在文件夹中，新建执行脚本文件，例如将文件命名为run.tcl。如图10-10所示。

脚本中，通过vlog命令执行编译，通过vsim命令执行仿真，通过add wave命令添加波形信号，通过view wave显示查看波形，最后通过run –all运行仿真。可见，通过编写脚本，省略了一系列的菜单操作，可以大大提高仿真验证效率。

此时，仿真项目文件夹中已经准备好了源文件和脚本文件。如图10-11所示。

③ 打开Modelsim，点击菜单File->Source Directory…，弹出窗口中选择项目文件夹目录，切换工作路径。

④ Transcript窗口中输入命令"do run.tcl"，然后回车，执行仿真。如图10-12所示。

图10-10 Modelsim仿真脚本文件

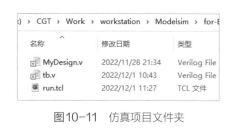

图10-11 仿真项目文件夹

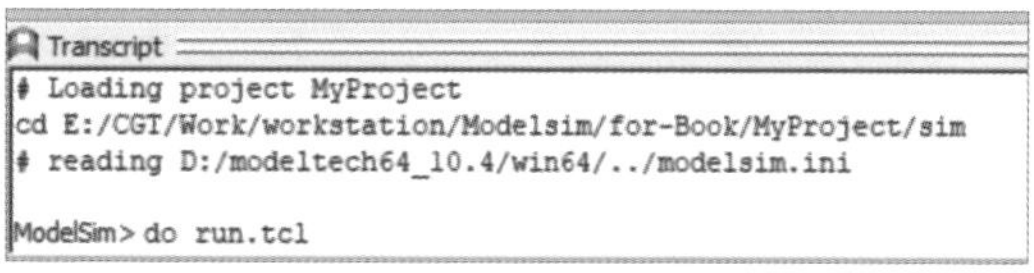

图10-12 脚本执行窗口

此时会运行仿真，并显示仿真波形，如图10-13所示。

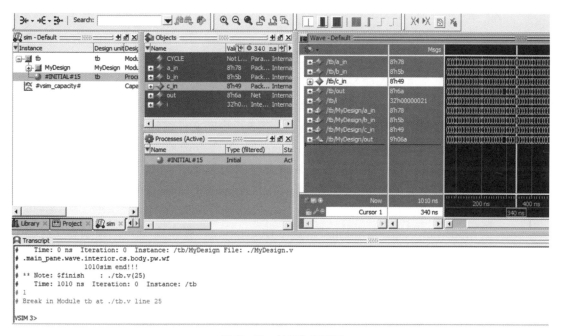

图10-13 仿真执行界面

10.4 Modelsim中UVM验证环境的运行方法

在Modelsim中执行UVM仿真验证，首先需要确认Modelsim工具中是否已经安装了UVM库，即：Modelsim的安装目录下有"uvm-版本号"的文件夹存在。如果已经安装了UVM库，就可以通过编写脚本的方式执行UVM验证仿真了。下面以一个简单的打印

HelloWorld例子说明UVM验证环境的搭建和执行。

① 建立仿真文件夹，在该文件夹中新建源文件"hello_world.sv"。UVM验证环境通过SystemVerilog语言编程，源文件内容如下：

```
1    `include "uvm_pkg.sv"
2    module hello_world_example;
3      import uvm_pkg::*;
4      `include "uvm_macros.svh"
5      initial begin
6        `uvm_info ("info1","Hello World!",UVM_LOW)
7      end
8    endmodule: hello_world_example
```

② 在文件夹中，新建执行脚本文件，例如将文件命名为sim.do。

```
1    set  UVM_DPI_HOME   D:/modeltech64_10.4/uvm-1.1d/win64
2
3    if [file exists "work"] {vdel -all}
4
5    vlib work
6
7    vlog  -L mtiAvm -L mtiOvm -L mtiUvm -L mtiUPF  hello_world.sv
8
9    vsim -c -sv_lib $UVM_DPI_HOME/uvm_dpi   work.hello_world_example
10
11   run -all
```

脚本中，第1行设定了UVM库文件路径；第5行将库文件编译到文件夹work中；第7行通过vlog命令执行编译，编译时通过"-L mtiUvm"命令选项，加载UVM库进行编译，"hello_world.sv"是源文件；第9行通过vsim命令执行仿真，通过"-sv_lib $UVM_DPI_HOME/uvm_dpi"命令选项加载UVM库，"work.hello_world_example"是仿真的顶层模块，即源文件"hello_world.sv"中的模块；第11行run –all运行仿真。

③ 打开Modelsim，点击菜单File->Source Directory…，弹出窗口中选择项目文件夹目录，切换工作路径。

④ Transcript窗口中输入命令"do sim.do"，然后回车，执行仿真。

此时会显示仿真结果，Transcript窗口中打印出"Hello World!"信息（图10-14）。

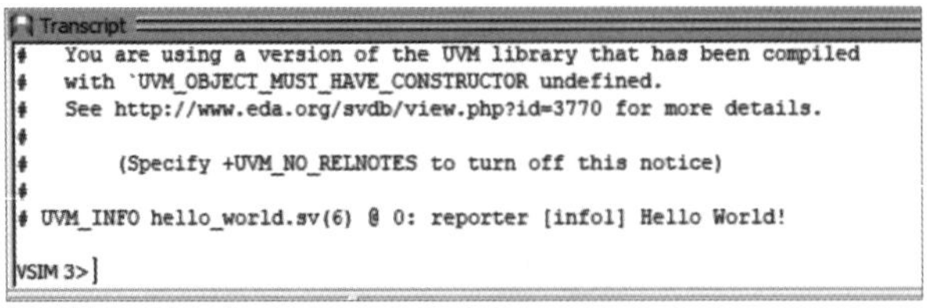

图10-14　仿真结果截图

习题

1. 当今业界常用的仿真验证EDA工具有哪些？

2. 简述Modelsim工具有哪三种运行方式。

3. 下列Modelsim工具仿真波形窗口中，请指出"运行仿真""停止仿真""波形放大显示""波形全部显示"的快捷图标。

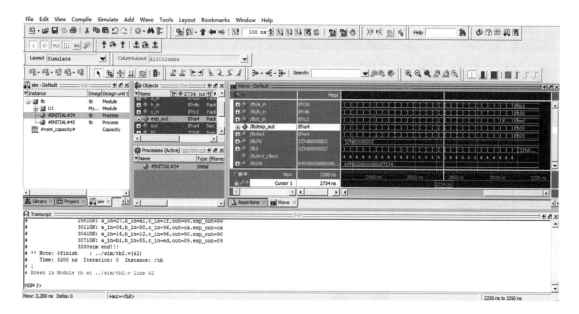

4. 通过脚本运行Modelsim工具时，编译命令是什么？仿真命令是什么？执行脚本的命令是什么？

第 **11** 章

实例解析

▶▶ 思维导图

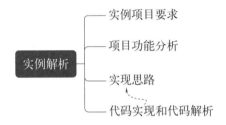

实例解析 ── 实例项目要求
　　　　── 项目功能分析
　　　　── 实现思路
　　　　── 代码实现和代码解析

11.1 被测电路功能点 Case 抽取实例解析

【实例要求】对一个计数器电路编写验证环境进行功能验证。要求按照 Case 抽取原则写出 Case 列表，进行直接激励测试。

计数器电路的功能如下：

· 4bit 循环计数器；

· 能够同步清零（高电平清零）；

· 能够加载初始值（高电平加载）；

· 优先级：同步清零 > 加载初始值。

被测电路的端口表如表 11-1 所示。

表11-1 被测电路的端口表

端口名称	位宽	方向	有效极性	功能说明
clk		input		系统时钟
reset		input	高电平	系统复位
clr		input	高电平	同步清零
ld		input	高电平	加载有效信号
init	[3:0]	input		加载的初始值
out	[3:0]	output		计数值输出

计数器电路的代码如下：

```
1    module count4(clk, reset, clr, ld, init, out);
2    input clk, reset;
3    input clr;
4    input ld;
5    input [3:0] init;
6    output [3:0] out;
7    reg [3:0] out;
8    always @(posedge clk or posedge reset)
9    begin
10       if(reset)
11           out <= 0;
12       else if(clr)
13           out <= 0;
14       else if(ld)
15           out <= init;
16       else
17           out <= out+1;
18   end
19   endmodule
```

【分析】被测电路是一个4bit的BCD码计数器，计数周期是0～15。被测电路具有3个功能：同步清零，加载初始值，计数。按照验证需求，首先需要抽取Case列表。

Case抽取原理：首先考虑验证的全面性，如果无法遍历所有输入端口，则考虑提取典型Case进行验证。

典型Case抽取原则：

· 正常功能的Case抽取；

· 异常功能的Case抽取；

· Corner Case（极值）的抽取。

根据被测电路的功能描述，可以抽取的Case列表如表11-2所示。

表11-2　被测电路的功能Case列表

序号	验证功能点	测试向量描述	Case抽取原则
1	同步清零功能	clr信号只产生1个有效时钟周期，清零1个时钟周期	正常情况
2		clr信号产生2个有效时钟周期，清零2个时钟周期	正常情况
3		clr信号产生1个很窄的脉冲，不清零	异常情况
4	加载有效功能	ld信号只产生1个有效时钟周期，加载1个时钟周期	正常情况
5		ld信号产生2个有效时钟周期，加载2个时钟周期	正常情况
6		ld信号产生1个很窄的脉冲，不加载初始值	异常情况
7	加载的初始值大小	取最小值，加载的初始值（init信号）为0	极值情况
8		取最大值，加载的初始值（init信号）为15	极值情况
9		取中间值，加载的初始值（init信号）为7	正常情况
10	优先级	clr信号和ld信号同时有效1个时钟周期，执行清零操作	正常情况
11	计数功能	至少完成一整个计数周期的计数，0～15循环计数	正常情况

接下来，需要在Testbench中编写代码产生这些测试向量。可以将这些测试向量都写到一个Testbench文件中，也可以分成几个Testbench文件。因为本实例的Case较少，可以直接写到一个Testbench文件中。

【实现思路】

① 为了代码结构简单，按照被测电路的功能，每个功能写到一个initial块中，各个initial块通过event事件来同步。

② 按照Case列表，写出各个信号的输入激励。为了便于波形观测和调试，需要在时钟下降沿的时候才可以改变输入激励。

③ 为了测试计数功能，需要clr信号和ld信号无效的时间长一些，至少大于16个时钟周期，这样就可以观测到计数器0～15的整个计数周期。

```
1    `timescale   1ns/1ns
2    module tb;
3    parameter CYCLE = 10;
4    reg clk;
5    reg reset;
6    reg clr;
7    reg ld;
8    reg [3:0] init;
9    wire[3:0] out;
10   event evt_clr,evt_ld,evt_init;
11   //RTL instance
12   count4 count4(
13       .clk   (clk  ),
14       .reset  (reset   ),
15       .clr   (clr  ),
16       .ld    (ld   ),
17       .init  (init ),
18       .out   (out  )
```

```
19          );
20          //generate clk
21          initial begin
22              clk = 0;
23              forever begin
24                  #(CYCLE/2);
25                  clk = 1;
26                  #(CYCLE/2);
27                  clk = 0;
28              end
29          end
30          //generate reset
31          initial begin
32              reset = 1;
33              #(3*CYCLE);
34              reset = 0;
35          end
36          //generate clear
37          initial begin
38              clr = 0;
39              #(10*CYCLE);
40          //No1
41              clr = 1;
42              #(CYCLE);
43              clr = 0;
44              #(20*CYCLE);
45          //No2
46              clr = 1;
47              #(2*CYCLE);
48              clr = 0;
49              #(20*CYCLE);
50          //No3
51              clr = 1;
52              #(0.1*CYCLE);
53              clr = 0;
54              @(negedge clk);
55              ->evt_clr;
56          end
57
58          //generate load
59          initial begin
60              ld = 0;
61              init = 0;
62              @evt_clr;
63          //No4
64              init = 9;
65              ld = 1;
66              #(CYCLE);
```

```
67          ld = 0;
68          #(20*CYCLE);
69      //No5
70          ld = 1;
71          #(2*CYCLE);
72          ld = 0;
73          #(20*CYCLE);
74      //No6
75          ld = 1;
76          #(0.1*CYCLE);
77          ld = 0;
78          @(negedge clk);
79          ->evt_ld;
80      end
81      //generate init
82      initial begin
83          @evt_ld;
84          #(10*CYCLE);
85      //No7
86          init = 0;
87          ld = 1;
88          #(CYCLE);
89          ld = 0;
90          #(20*CYCLE);
91      //No8
92          init = 15;
93          ld = 1;
94          #(CYCLE);
95          ld = 0;
96          #(20*CYCLE);
97      //No9
98          init = 7;
99          ld = 1;
100         #(CYCLE);
101         ld = 0;
102         ->evt_init;
103     end
104     //generate clear and load
105     initial begin
106         @evt_init;
107         #(20*CYCLE);
108     //No10
109         init = 5;
110         ld = 1;
111         clr = 1;
112         #(CYCLE);
113         ld = 0;
114         clr = 0;
```

```
115          #(100*CYCLE);
116          $display($time,"sim end!!!");
117          $finish;
118     end
119     endmodule
```

Testbench 中的第 31 ～ 56 行，生成 clr 信号测试清零功能的情况。其中第 41 ～ 43 行，产生 1 个时钟周期的 clr 信号高脉冲，即 Case 列表中的序号 1。第 44 行，延时 20 个时钟周期，让计数器进行 0 ～ 15 计数，超过一整个计数周期，即 Case 列表中的序号 11。第 46 ～ 48 行，产生 2 个时钟周期的 clr 信号高脉冲，即 Case 列表中的序号 2。第 51 ～ 53 行，产生 1 个很窄的 clr 信号高脉冲，即 Case 列表中的序号 3。因为这个窄脉冲不是 1 个时钟周期，为了后续的激励输入仍在时钟下降沿变化，所以在第 54 行等待时钟下降沿，再往下执行。第 55 行，触发 evt_clr 事件，用于同步后续的其他激励。

Testbench 中的第 59 ～ 80 行，生成 ld 信号测试加载功能的情况。第 62 行，等待 evt_clr 事件，即清零功能测试完后，才开始加载功能的测试。第 64 行，设定要加载的初始值为 9，然后和 clr 信号的激励相似，分别产生 Case 列表中的序号 4、序号 5、序号 6 的测试激励。

Testbench 中的第 82 ～ 103 行，生成 init 信号的各种取值情况，测试加载功能。init 信号分别赋值 0、15、7，即 Case 列表中的序号 7、序号 8、序号 9 的测试激励。另外，加载功能需要在 ld 信号有效时才会加载初始值，所以每次 init 赋值时，生成 ld 信号高脉冲，让加载有效。

Testbench 中的第 105 ～ 118 行，生成 clr 信号和 ld 信号同时有效的情况，测试清零功能和加载功能的优先级。第 110 ～ 114 行，同时生成 clr 信号和 ld 信号的高脉冲，然后延时一些时钟周期，结束仿真。

使用 Modelsim 工具运行仿真后，可以通过"Wave"窗口观测到生成的测试激励和 Case 列表是一致的，波形如图 11-1 所示。

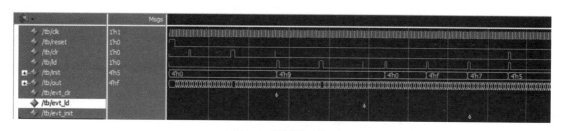

图 11-1　测试激励波形

然后，确认在这些测试激励下，被测电路的功能是否正确。需要在"Wave"窗口中逐个查看测试激励条件下被测电路的输出是否正确。如图 11-2 所示，clr 信号高脉冲时，计数器

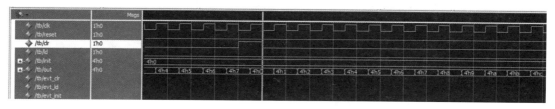

图 11-2　clr 信号的波形

输出out信号清零，即Case列表中的序号1的功能正确。如图11-3所示，clr信号和ld信号同时有效时，计数器输出out信号清零，即Case列表中的序号10的功能正确。

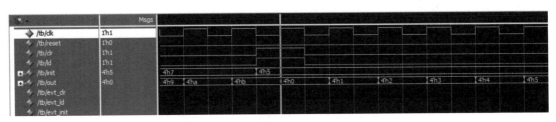

图11-3　clr信号和ld信号同时有效的波形

11.2 断言应用实例解析

【实例要求】对序列检测电路编写测试平台进行功能验证，对时序部分采用断言进行验证。

电路的功能如下：

·串行数据输入（s_in）。输入时序要求：空闲时要一直低电平，串行序列输入时先输入1位高电平，表示开始；然后是8位序列数据；最后是1位低电平，表示结束。

·需要检测的序列值设定（seq_val）。

·当收到的串行数据的序列值等于序列设定值（seq_val）时，匹配信号（match）置1。

·匹配信号（match）只会维持1个时钟的高电平，并且两次的匹配信号（match）的间隔会大于8个时钟周期。

被测电路的端口表如表11-3所示。

表11-3　被测电路的端口表

端口名称	位宽	方向	有效极性	功能说明
clk		input		系统时钟
xrst		input	低电平	系统复位
s_in		input		串行数据
seq_val	[7:0]	input		序列值设定
match		output		匹配信号

序列检测电路的代码如下：

```
1    module seq_detect(clk, xrst, s_in, seq_val, match);
2    input   clk, xrst;
3    input   s_in;        //serial data input
4    input   [7:0]seq_val;//sequnce valule set
5    output  match;           //sequnce match
6
7    parameter   st_idle = 0;
```

```verilog
 8     parameter    st_rxdata = 1;
 9     parameter    st_finish = 2;
10
11     reg  [2:0]state;
12     reg  [2:0]next_state;
13     reg  [3:0]rx_cnt;
14     reg  match;
15     wire match_pre;
16
17     always @(posedge clk or negedge xrst)begin
18         if(!xrst)state <= st_idle;
19         else   state <= next_state;
20     end
21     always @(*)begin
22         next_state = state;
23         case(state)
24             st_idle : if(s_in)next_state = st_rxdata;
25             st_rxdata : if(rx_cnt==7)next_state = st_finish;
26             st_finish : next_state = st_idle;
27             default : next_state = state;
28         endcase
29     end
30
31     reg  [9:0]p_shift;
32     always @(posedge clk or negedge xrst)begin
33         if(!xrst)begin
34             p_shift    <= 0;
35         end
36         else if(state==st_finish)begin
37             p_shift <= 0;
38         end
39         else begin
40             p_shift    <= {p_shift[8:0],s_in};
41         end
42     end
43
44     always @(posedge clk or negedge xrst)begin
45         if(!xrst)begin
46             rx_cnt    <= 0;
47         end
48         else if(state!=st_rxdata)begin
49             rx_cnt <= 0;
50         end
51         else begin
52             rx_cnt    <= rx_cnt + 1;
53         end
54     end
55     always @(posedge clk or negedge xrst)begin
```

```
56          if(!xrst)begin
57              match <= 0;
58          end
59          else if(match_pre)begin
60              match <= 1'b1;
61          end
62          else begin
63              match <= 0;
64          end
65
66      end
67      assign      match_pre = (state==st_finish) && (p_shift[7:0]== seq_val);
68      endmodule
```

序列检测电路的时序波形图如图11-4所示。

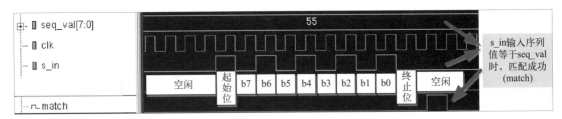

图11-4　序列检测电路的时序波形图

【分析】被测电路是一个序列检测电路，它具有序列检测的功能：当串行输入序列与设定序列值相同时，匹配信号置1。按照验证需求，首先需要抽取Case列表。

Case抽取的原则可参照11.1节，根据被测电路的功能描述，可以抽取的Case列表如表11-4所示。

表11-4　被测电路的功能Case列表

序号	验证功能点	测试向量描述	Case抽取原则
1	序列检测功能	s_in串行输入8位序列数据：8'h55 seq_val设定值：8'h55	正常情况
2		s_in串行输入8位序列数据：8'hAA seq_val设定值：8'hAA	正常情况
3		s_in串行输入8位最小序列数据：8'h00 seq_val设定值：8'h00	极值情况
4		s_in串行输入8位最大序列数据：8'hFF seq_val设定值：8'hFF	极值情况
5		s_in串行输入9位序列数据：9'h1AB（只检测高8位） seq_val设定值：8'hD5	异常情况
6		s_in串行输入8位序列数据：8'h55 seq_val设定值：8'hAA	异常情况

接下来，完成信号（match）的时序关系抽取，match信号的时序要求为：它只会维持一个时钟周期的高电平，并且两次的匹配信号的间隔会大于8个时钟周期，根据时序描述，可

以抽取信号时序关系，如表11-5所示。

表11-5　信号时序关系表

序号	相关信号	时序关系描述
1	match	序列检测成功后，match=1，维持1个时钟周期后，变为0
2		连续两次match=1的间隔大于8个时钟周期

【实现思路】

① 将所有的直接激励写到一个initial块中，按照Case列表，依次产生测试向量。将串行数据的产生做成一个Task，每次产生测试向量后调用这个并行转串行的Task，产生串行传输。另外，需要一次串行传输完成以后，才可以再输入下一次的激励。

② 对于断言时序检查，如信号时序关系表，被测电路的match信号需要检查时序。编程实现时，通过SVA语言中的property语法定义时序关系，通过assert让定义的property时序检查生效。另外，因为断言使用的是SVA语言语法，所以在Modelsim的运行脚本中需要加上命令选项才能正常执行。在编译命令vlog中加上-sv选项，在仿真命令vsim中加上-assertdebug选项。

match信号的时序检查：该信号表示序列匹配成功，可以在Testbench中制作一个内部信号，当8bit串行数据发送完后，并且这8bit的序列数据等于seq_val时，这个内部信号值设为1，然后使用该内部信号与match信号做断言检查。

Testbench的代码如下：

```
1    `timescale    1ns/1ns
2
3    module tb;
4
5    parameter CYCLE = 100;
6
7    reg  clk;         //clk
8    reg  xrst;        //reset
9    reg  [7:0]idata;        //data for normal test
10   reg  [8:0]idata_ab;//data for abnormal test
11   reg  s_in;
12   reg  [7:0]seq_val;
13   wire match;
14   reg  match_flag;       //flag for match check
15
16
17   //RTL instance
18   seq_detect U1(
19       .clk  (clk ),
20       .xrst (xrst ),
21       .s_in (s_in ),
22       .seq_val(seq_val),
23       .match    (match  )
24   );
25
```

```
26      //generate clk
27      initial begin
28          clk = 0;
29          forever begin
30              #(CYCLE/2);
31              clk = 1;
32              #(CYCLE/2);
33              clk = 0;
34          end
35      end
36
37      //generate reset
38      initial begin
39          xrst = 1;
40          #(3*CYCLE);
41          xrst = 0;
42          #(5*CYCLE);
43          xrst = 1;
44      end
45
46      //generate input
47      initial   begin
48          s_in = 0;
49          wait(!xrst);
50          wait(xrst);
51          #CYCLE;
52      //No1
53          idata = 8'h55;
54          seq_val = 8'h55;
55          t_p2s(idata);
56          #CYCLE;
57
58      //No2
59          idata = 8'hAA;
60          seq_val = 8'hAA;
61          t_p2s(idata);
62          #CYCLE;
63
64      //No3
65          idata = 8'h00;
66          seq_val = 8'h00;
67          t_p2s(idata);
68          #CYCLE;
69      //No4
70          idata = 8'hFF;
71          seq_val = 8'hFF;
72          t_p2s(idata);
73          #CYCLE;
```

```
74      //No5
75          idata_ab = 9'h1AB;
76          seq_val = 8'hD5;
77          t_p2s_ab(idata_ab);
78          #CYCLE;
79      //No6
80          idata = 8'h55;
81          seq_val = 8'hAA;
82          t_p2s(idata);
83          #CYCLE;
84
85          #(10*CYCLE);
86          $display($time,"sim end!!!");
87          $finish;
88      end
89
90      //task:parallel to serial
91      task t_p2s;
92          input    [7:0]data;
93          integer i;
94      begin
95          s_in = 1'b1;
96          #CYCLE;
97          for(i=0; i<8; i=i+1) begin
98              s_in = data[7-i];
99              #CYCLE;
100         end
101         s_in = 1'b0;
102         match_flag = 1'b1;
103         #CYCLE;
104         match_flag = 1'b0;
105     end
106     endtask
107
108     //task:parallel to serial for abnormal case
109     task t_p2s_ab;
110         input    [8:0]data;
111         integer i;
112     begin
113         s_in = 1'b1;
114         #CYCLE;
115         for(i=0; i<9; i=i+1) begin
116             s_in = data[8-i];
117             #CYCLE;
118         end
119         s_in = 1'b0;
120         #CYCLE;
121     end
```

```
122    endtask
123
124    //assertion check
125    property p_match;
126        @(posedge clk) $rose(match_flag) && (idata == seq_val) |=> $rose(match)
##1 ~match;
127    endproperty
128    chk_match: assert property(p_match);
129
130    property p_nomatch;
131        @(posedge clk) $rose(match_flag) && (idata != seq_val) |-> ##[1:3]
~match;
132    endproperty
133    chk_not_match: assert property(p_nomatch);
134
135    property p_match_interval;
136        @(posedge clk) $rose(match) |=> ##[8:$] $rose(match);
137    endproperty
138    chk_match_interval: assert property(p_match_interval);
139
140    endmodule
```

Testbench 中的第 47 ~ 88 行产生直接激励数据，按照 Case 列表中序号 1 ~ 序号 6 的情况，生成相应的测试向量，然后调用并行转串行 Task（t_p2s 或 t_p2s_ab），变成串行数据信号输入给被测电路，延时到本次输入完成后，再进行下一次传输。其中序号 5 的情况，因为要测试串行输入 9 位数据的情况，所以会调用 Task（t_p2s_ab）完成 9 位串行数据的输入，其他情况下都调用 Task（t_p2s）完成 8 位串行数据的输入。

Testbench 中的第 91 ~ 106 行是并行数据转换串行数据的 Task。根据被测电路的协议，先给串行数据信号 s_in 赋值 1，发送起始位，再通过 for 循环将并行数据 data 的 bit7 至 bit0 依次赋值给串行数据信号 s_in，最后给串行数据信号 s_in 赋值 0，发送终止位。同时，为了断言检查，在这里产生内部信号 match_flag 的脉冲信号。

Testbench 中的第 109 ~ 122 行是用于异常情况验证（序号 5）的并行数据转换串行数据的 Task。根据被测电路的协议，先给串行数据信号 s_in 赋值 1，发送起始位，再通过 for 循环将并行数据 data 的 bit8 至 bit0 依次赋值给串行数据信号 s_in，最后给串行数据信号 s_in 赋值 0，发送终止位。

Testbench 中的第 125 ~ 128 行，通过断言检查匹配信号 match 的正确性。通过 property 语法定义需要检查的时序，断言的条件是内部信号 match_flag 的上升沿，并且串行输入数据等于序列值设定值。当条件成立以后，1 个时钟周期之后，匹配信号 match 为上升沿，并且再过一个时钟周期变为低电平。第 128 行，通过 assert 语法实例化 property，让该断言生效。

Testbench 中的第 130 ~ 133 行，通过断言检查匹配信号 match 的正确性。通过 property 语法定义需要检查的时序，断言的条件是内部信号 match_flag 的上升沿，并且串行输入数据不等于序列值设定值。当条件成立以后，断言经过一定的时间（根据调试定义了一个时间范围），匹配信号 match 为低电平。第 133 行，通过 assert 语法实例化 property，让该断言生效。

Testbench 中的第 135 ~ 138 行，通过断言检查匹配信号 match 的正确性。通过 property

语法定义需要检查的时序，断言的条件是匹配信号match的上升沿。当条件成立以后，断言经过8个时钟周期之后，匹配信号match再次出现上升沿。第138行，通过assert语法实例化property，让该断言生效。

Modelsim脚本文件如下：

```
1    ##################      ModelSim TCL      #######################
2
3    set  TB_DIR  ../sim
4    set  VL_DIR  ../rtl
5
6    ##### Compile the verilog #####
7
8    vlog -sv \
9        ${TB_DIR}/tb.v \
10       ${VL_DIR}/seq_detect.v
11
12
13
14   ##### Start Simulation #####
15
16   vsim -assertdebug work.tb
17
18   #add wave -binary clk rst
19   add wave *
20   view wave
21   view assertions
22
23   run -all
24
25
26   ##### Quit the Simulation #####
27
28   # quit -sim
```

脚本文件中的第8行，编译命令vlog的后面加上了"-sv"选项，是因为断言检查使用SVA语言，属于SystemVerilog语法。第16行，仿真命令vsim中增加了"-assertdebug"选项，用来运行断言检查。第21行，查看断言检查结果报告。

Modelsim仿真的断言检查结果如图11-5所示，"Assertions"窗口可以查看断言检查（Assertion）的结果，断言失败次数统计是"0"，断言通过次数大于"0"，另外，打印信息中Log信息没有报出断言检查出错的信息，表示断言检查正确。

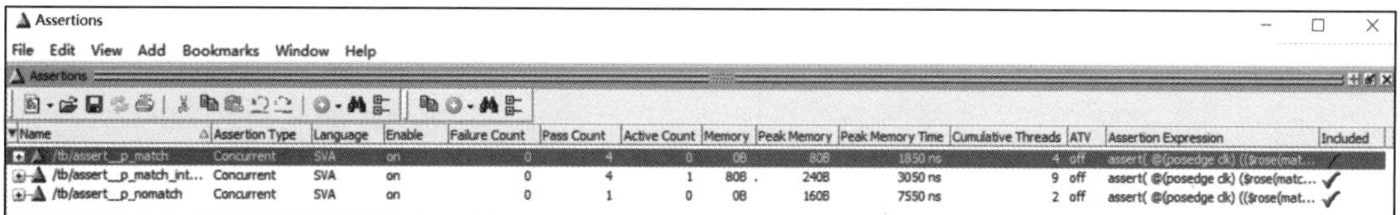

图11-5 断言检查结果

运行仿真后，也可以通过"Wave"窗口观测断言检查的波形，如图11-6所示。其中，绿色向上箭头表示断言成功（如果断言失败，会用红色向下箭头表示）。

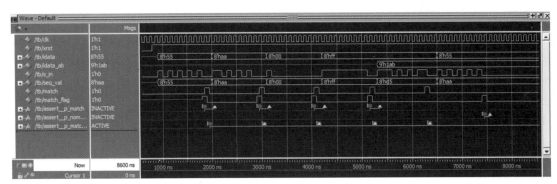

图11-6　断言检查的波形

最终，通过断言的结果，可以判断被测电路的功能正确。

11.3 随机激励应用实例解析

【实例要求】对一个计数器电路编写验证环境进行功能验证。测试向量要求采取全随机输入的形式，随机内容包括输入数据信号内容的随机性、控制信号输入时机的随机性、控制信号有效（或无效）保持时间的随机性。

计数器电路的功能如下：

· BCD码计数，8'h00 ~ 8'h59范围的60进制循环计数；
· 同步复位功能（reset是复位信号）；
· 加载初始值功能（load是加载有效信号，data是加载数据）；
· 计数动作允许功能（cin是计数使能信号）；
· 动作优先级：复位>加载初始值>计数允许。

计数器电路的端口列表如表11-6所示。

表11-6　计数器电路的端口列表

端口名称	位宽	方向	有效极性	功能说明
clk		input		系统时钟
reset		input	高电平	同步复位
cin		input	高电平	计数使能
load		input	高电平	加载有效信号
data	[7:0]	input		加载的初始值（BCD码格式）
qout	[7:0]	output		计数值输出（BCD码格式）
cout		output		计数进位

计数器电路的代码如下：

```
1   module bcd_count60(clk, reset, cin, load, data, qout, cout);
2   input       clk;
3   input        reset;
4   input       cin;
5   input        load;
6   input    [7:0]data;
7   output reg [7:0]qout;
8   output        cout;
9
10  always @(posedge clk)
11  begin
12      if(reset)                       // 同步复位
13          qout <= 8'b0;
14      else if(load)                  // 同步置数
15          qout <= data;
16      else if(cin)                   //cin=1,开始加一计数,否则 qout 不改变
17      begin
18          if(qout[3:0] == 4'h9)    // 低位为 9
19          begin
20              qout[3:0] <= 4'b0;   // 是,则清零
21              if(qout[7:4] == 4'h5)
22                  qout[7:4] <= 4'b0;
23              else
24                  qout[7:4] <= qout[7:4] + 1'b1;  // 高位加 1
25          end
26          else
27              qout[3:0] <= qout[3:0] + 1'b1;
28      end
29  end
30  assign cout = ((qout == 8'h59) & cin) ? 1'b1 :1'b0;  // 进位输出
31  endmodule
```

【分析】被测电路是一个8bit的BCD码计数器，计数周期是60，所以计数值增加情况如图11-7所示。

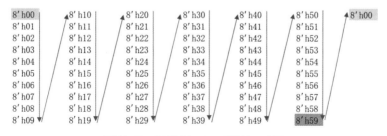

图11-7　60进制BCD码计数示意图

被测电路具有3个功能：同步复位、计数使能、加载初值。按照验证需求，需要输入端口信号的测试向量进行随机激励。随机激励包含以下2种类别：

① 对数据的随机：当输入信号是数据类型信号时，需要对数据的范围进行随机。

② 对控制信号的随机：当输入信号是控制信号时，需要对控制时序进行随机。随机控制信号电平变化的时间间隔。

根据对被测电路功能的理解，输入端口信号中的reset（同步复位）、cin（计数使能）、load（加载有效）信号属于控制信号，高电平有效，所以需要随机这些信号的时序，即：有效和无效的时间。考虑到被测电路的功能特点，为了提高验证效率，随机时应该让cin（计数使能）的有效时间长一些，让reset（同步复位）和load（加载有效）的无效时间长一些，否则计数器会被不断复位和加载，BCD计数的功能不能被充分验证。

输入端口信号中的data（加载的初始值）属于数据信号，所以需要随机该信号的数据范围。按照图11-7中60进制BCD码的计数范围，可以看出，低4位的范围是0～9，高4位的范围是0～5，所以需要按照这一范围要求约束data信号的数据范围。

由此，可以设计出输入端口信号的约束条件。例如：

① 输入data信号高4位需要0～5范围随机，低4位需要0～9范围随机。

② 输入load信号需要有效保持1～3个时钟周期，无效保持40～80个时钟周期。

③ 输入reset信号需要有效保持1～3个时钟周期，无效保持100～200个时钟周期。

④ 输入cin信号需要有效保持30～90个时钟周期，无效保持1～10个时钟周期。

【实现思路】

① 为了实现全随机，4个输入端子信号分别在各自的initial块中生成。

② 每个initial块中按照约束条件随机生成时间或数据。

③ 为了生成尽量多的随机测试向量，可以在每个initial块中通过forever或while(1)语句，进行无限循环。

④ 为了控制仿真的结束时间，可以另外再写一个initial块，经过一段时间后，调用$finish系统函数，结束仿真。

```
1    `timescale    1ns/1ns
2    module tb;
3    parameter CYCLE = 10;
4    reg  clk;
5    reg  reset;
6    reg  cin;
7    reg  load;
8    reg[7:0]data;
9    wire[7:0]qout;
10   wire cout;
11
12   integer t_h_reset,t_l_reset,t_h_cin,t_l_cin,t_h_load,t_l_load;
13   //RTL instance
14   bcd_count60 bcd_count60(
15       .clk     (clk     ),
16       .reset         (reset  ),
17       .cin     (cin     ),
18       .load          (load   ),
19       .data          (data   ),
20       .qout          (qout   ),
```

```verilog
21          .cout              (cout       )
22      );
23
24      //generate clk
25      initial begin
26          clk = 0;
27          forever begin
28              #(CYCLE/2);
29              clk = 1;
30              #(CYCLE/2);
31              clk = 0;
32          end
33      end
34      //generate reset
35      initial begin
36          reset = 1;
37          #(3*CYCLE);
38          reset = 0;
39          #(5*CYCLE);
40          forever begin
41              t_h_reset = ({$random}%3)+1;
42              t_l_reset = ({$random}%101)+100;
43              reset = 1;
44              #(t_h_reset*CYCLE);
45              reset = 0;
46              #(t_l_reset*CYCLE);
47          end
48      end
49      //generate cin
50      initial begin
51          cin = 0;
52          #(8*CYCLE);
53          forever begin
54              t_h_cin = ({$random}%61)+30;
55              t_l_cin = ({$random}%11)+1;
56              cin = 1;
57              #(t_h_cin*CYCLE);
58              cin = 0;
59              #(t_l_cin*CYCLE);
60          end
61      end
62      //generate load
63      initial begin
64          load = 0;
65          #(8*CYCLE);
66          forever begin
67              t_h_load = ({$random}%3)+1;
68              t_l_load = ({$random}%41)+40;
```

```
69          load = 1;
70          #(t_h_load*CYCLE);
71          load = 0;
72          #(t_l_load*CYCLE);
73       end
74    end
75    //generate data
76    initial begin
77       data = 0;
78       #1;
79       forever begin
80          if(load)begin
81             data[7:4] = {$random}%6;
82             data[3:0] = {$random}%10;
83          end
84          else begin
85             data[7:0] = 0;
86          end
87          #(CYCLE);
88       end
89    end
90    //time out
91    initial  begin
92       #(10000*CYCLE);
93       $display($time,"sim end!!!");
94       $finish;
95    end
96    endmodule
```

Testbench中的第35～48行，随机生成reset信号的时序。先让同步复位有效，执行系统复位，然后随机生成reset信号的高电平维持的周期数t_h_reset，以及低电平的周期数t_l_reset，生成reset信号的波形，通过forever语法来循环生成reset信号的波形。Testbench中的第50～61行，随机生成cin信号的时序，实现思路和reset信号相似，通过随机生成cin信号的高电平维持的周期数t_h_cin和低电平维持的周期数t_l_cin，来控制cin信号的时序。Testbench中的第63～74行，随机生成load信号的时序，实现思路和前者也相似，通过随机生成load信号的高电平维持的周期数t_h_load和低电平维持的周期数t_l_load，来控制load信号的时序。Testbench中的第76～89行，随机生成data信号的数值，第78行通过#1调整data信号的生成时序，目的是可以判断load信号是否有效。当load信号有效时，分别随机data信号的高4位和低4位；当load信号无效时，固定成0。Testbench中的第91～95行，设定仿真结束时间，10000个时钟周期后，仿真结束。当然，如果仿真波形的情况不够，可以增加仿真时间。

仿真波形如图11-8所示，reset信号、cin信号、load信号的波形时序均按照约束条件产生，data信号的数值范围按照约束范围生成，所以测试向量的全随机生成是正确的。通过波形观测，被测电路的reset（同步复位）、cin（计数使能）、load（加载有效）的功能都是正确的，三者的优先级和电路功能说明一致，而且BCD计数进位都正确。所以，可以看出被测电路的功能正确。

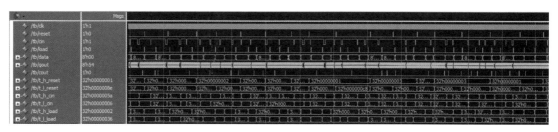

图11-8 验证环境的仿真波形

11.4 覆盖率应用实例解析

【实例要求】对一个3输入数据排序电路进行功能验证。要求如下：

① 采用随机激励输入。

② 编写功能覆盖率收集容器，要求功能覆盖率达到100%。

③ 收集代码覆盖率中的行覆盖率和分支覆盖率，要求代码覆盖率达到100%。

排序电路的功能如下：

① 3个数排序，排序后从小到大输出。

② 支持无符号数排序和有符号数排序的2种模式，由信号mode来选择。

数据排序电路的端口列表如表11-7所示。

表11-7 数据排序电路的端口列表

端口名称	位宽	方向	有效极性	功能说明
clk		input		系统时钟
xrst		input	低电平	系统复位
mode		input		模式选择 0: 无符号数排序; 1: 有符号数排序
a	[7:0]	input		输入信号a
b	[7:0]	input		输入信号b
c	[7:0]	input		输入信号c
ra	[7:0]	output		排序输出信号ra
rb	[7:0]	output		排序输出信号rb
rc	[7:0]	output		排序输出信号rc

排序电路的代码如下：

```
1    module sort3(clk, xrst, mode, a, b, c, ra, rb, rc);
2    input   clk,xrst;
3    input   mode;
4    input   [7:0]a,b,c;
5    output reg[7:0]   ra,rb,rc;
6    reg [7:0]va,vb,vc;  //temporary variables
```

```
7
8      always @(a or b or c or mode)begin
9          {va, vb, vc} = {a, b, c};
10          if(mode==1'b0)begin
11              // 任务调用
12              sort2(va, vb);
13              sort2(va, vc);
14              sort2(vb, vc);
15          end
16          else begin
17              // 任务调用
18              sort2s(va, vb);
19              sort2s(va, vc);
20              sort2s(vb, vc);
21          end
22      end
23      always@(posedge clk or negedge xrst)begin
24          if(!xrst)begin
25              {ra, rb, rc} <= 0;
26          end
27          else begin
28              {ra, rb, rc} <= {va, vb, vc};
29          end
30      end
31      task sort2;     // 无符号数的排序
32          inout    [7:0]x, y;
33          reg  [7:0]tmp;
34          if(x>y)    begin
35              tmp = x;
36              x = y;
37              y = tmp;
38          end
39      endtask
40      task sort2s; // 有符号数的排序
41          inout signed [7:0] x, y;
42          reg  [7:0]tmp;
43          if(x>y)begin
44              tmp = x;
45              x = y;
46              y = tmp;
47          end
48      endtask
49      endmodule
```

【分析】被测电路是一个 3 输入的排序电路，输入数据是 8 位，根据 mode 信号选择按照无符号数排序，还是按照有符号数排序。因此，当为无符号数排序模式时，输入数据的取值范围是 0 ～ 255；当为有符号数排序模式时，输入数据的取值范围是 −128 ～ 127（数据最高位是符号位）。

功能覆盖率的概念：统计被测电路的所有功能是否都被执行到。需要自己在Testbench中添加功能覆盖率收集容器，功能覆盖率收集容器中需要罗列出被测电路的所有功能，并且能够判断出各个功能是否被命中。

功能覆盖率的方法如下。

① 建立功能覆盖率收集容器。容器中罗列的情况主要有2种：按照被测电路输入端口信号的数值分布情况进行罗列；按照被测电路的功能进行罗列。

② 仿真结束后，统计显示功能覆盖率结果。

所以，需要在Testbench中建立功能覆盖率收集容器。按照数据分布情况，收集情况可以分为：输入信号a、b、c的值分别为小值、中值、大值。按照功能，收集情况可以分为：无符号数排序，有符号数排序，输入值a、b、c的大小关系。

代码覆盖率：最常见的是行覆盖率和分支覆盖率。前者统计所有的代码行是否被执行到；后者统计代码中的所有分支（"if-else语句"，"case语句"，三元操作符"?:"）是否被执行到。只要在EDA仿真工具运行时加上特定的option设置，代码覆盖率就自动收集。

在Modelsim的脚本中，加上"-cover sb"和"-coverage"选项执行仿真，即可得到代码覆盖率报告，其中，Stmts（语句）即行覆盖率的情况，Branches（分支）即分支覆盖率的情况。

【实现思路】

① 对输入激励进行随机，信号a、b、c的数据随机范围设定为8'h00 ~ 8'hFF。另外，mode信号需要0 ~ 1切换输入。通过for循环测试1000组数据，或更多的随机数据。

② 对于功能覆盖率，编写功能覆盖率收集容器，通过一组变量标记每个条件的命中情况。在仿真结束之前，统计每个条件的命中情况，计算功能覆盖率并打印到屏幕。收集条件如表11-8所示。

表11-8　功能覆盖率收集表

序号	类别	验证功能点	覆盖测试向量
1		信号a的取值范围	a∈[0,10)，a∈[10,245]，a∈(245,255]
2	无符号数模式取值范围	信号b的取值范围	b∈[0,10)，b∈[10,245]，b∈(245,255]
3		信号c的取值范围	c∈[0,10)，c∈[10,245]，c∈(245,255]
4		信号a的取值范围	a∈[−128,−118)，a∈[−118,117]，a∈(117,127]
5	有符号数模式取值范围	信号b的取值范围	b∈[−128,−118)，b∈[−118,117]，b∈(117,127]
6		信号c的取值范围	c∈[−128,−118)，c∈[−118,117]，c∈(117,127]
7		a<b<c的情况	a<b && b<c
8		a<c<b的情况	a<c && c<b
9		b<a<c的情况	b<a && a<c
10		b<c<a的情况	b<c && c<a
11	无符号数模式大小关系	c<a<b的情况	c<a && a<b
12		c<b<a的情况	c<b && b<a
13		a==b!=c的情况	a==b && b!=c
14		a==c!=b的情况	a==c && c!=b
15		b==c!=a的情况	b==c && c!=a
16		a==b==c的情况	a==b && b==c

序号	类别	验证功能点	覆盖测试向量
17		a<b<c的情况	a<b && b<c
18		a<c<b的情况	a<c && c<b
19		b<a<c的情况	b<a && a<c
20		b<c<a的情况	b<c && c<a
21	有符号数模式大小关系	c<a<b的情况	c<a && a<b
22		c<b<a的情况	c<b && b<a
23		a==b!=c的情况	a==b && b!=c
24		a==c!=b的情况	a==c && c!=b
25		b==c!=a的情况	b==c && c!=a
26		a==b==c的情况	a==b && b==c

③ 为了在 Modelsim 仿真工具中执行代码覆盖率，需要在运行脚本的编译命令 vlog 中添加 "-cover sb" 选项，在仿真命令 vsim 中添加 "-coverage" 选项。这样就可以带有代码覆盖率进行仿真了。仿真结束后，点击查看行覆盖率和分支覆盖率的情况，也可以导出覆盖率报告。

```
1     `timescale    1ns/1ns
2     module tb;
3     parameter CYCLE = 10;
4     reg  clk;
5     reg  xrst;
6     reg  mode;
7     reg  [7:0]a,b,c;
8     wire [7:0]ra,rb,rc;
9     wire signed [7:0] as,bs,cs;
10    reg  [37:0]    list;
11    integer sum;
12    integer i;
13    //RTL instance
14    sort3 sort3(
15        .clk      (clk    ),
16        .xrst     (xrst   ),
17        .mode       (mode   ),
18        .a        (a      ),
19        .b        (b      ),
20        .c        (c      ),
21        .ra       (ra     ),
22        .rb       (rb     ),
23        .rc       (rc     )
24    );
```

```
25      //generate clk
26      initial begin
27          clk = 0;
28          forever begin
29              #(CYCLE/2);
30              clk = 1;
31              #(CYCLE/2);
32              clk = 0;
33          end
34      end
35      //generate reset
36      initial begin
37          xrst = 0;
38          #(3*CYCLE);
39          xrst = 1;
40      end
41      //generate input
42      initial begin
43          mode = 0;
44          a = 0;b = 0;c = 0;
45          list = 0;
46          sum = 0;
47          #(5*CYCLE);
48          for(i=0; i<1000; i=i+1)begin
49              a = {$random}%256;
50              b = {$random}%256;
51              c = {$random}%256;
52              #(CYCLE);
53          end
54          for(i=0; i<1000; i=i+1)begin   //a==b==c
55              a = {$random}%256;
56              b = a;
57              c = a;
58              #(CYCLE);
59          end
60          mode = 1;
61          for(i=0; i<1000; i=i+1)begin
62              a = {$random}%256;
63              b = {$random}%256;
64              c = {$random}%256;
65              #(CYCLE);
66          end
67          for(i=0; i<1000; i=i+1)begin   //a==b==c
68              a = {$random}%256;
69              b = a;
70              c = a;
71              #(CYCLE);
72          end
```

```
73          for(i=0; i<=37; i=i+1)begin    // 计算命中的bit数
74              sum = sum + list[i];
75          end
76          $display("function cov is %d/38, list=%b", sum, list);    // 打印显示功能
覆盖率结果
77          #(500*CYCLE);
78          $display($time,"sim end!!!");
79          $finish;
80      end
81  assign as = a;
82  assign bs = b;
83  assign cs = c;
84  // 功能覆盖率收集容器
85  always@(*)begin
86      if(mode==0)begin
87          if(a<10)   list[0] = 1;
88          else if(a>245) list[1] = 1;
89          else            list[2] = 1;
90          if(b<10)   list[3] = 1;
91          else if(b>245) list[4] = 1;
92          else            list[5] = 1;
93          if(c<10)   list[6] = 1;
94          else if(c>245) list[7] = 1;
95          else            list[8] = 1;
96
97          if(a<b&&b<c)    list[9] = 1;
98          if(a<c&&c<b)    list[10] = 1;
99          if(b<a&&a<c)    list[11] = 1;
100         if(b<c&&c<a)    list[12] = 1;
101         if(c<a&&a<b)    list[13] = 1;
102         if(c<b&&b<a)    list[14] = 1;
103         if(a==b&&b!=c)      list[15] = 1;
104         if(a==c&&c!=b)      list[16] = 1;
105         if(b==c&&c!=a)      list[17] = 1;
106         if(a==b&&b==c)      list[18] = 1;
107     end
108     else begin
109         if(as<-118)     list[19] = 1;
110         else if(as>117)list[20] = 1;
111         else            list[21] = 1;
112         if(bs<-118)     list[22] = 1;
113         else if(bs>117)list[23] = 1;
114         else            list[24] = 1;
115         if(cs<-118)     list[25] = 1;
116         else if(cs>117)list[26] = 1;
117         else            list[27] = 1;
118
119         if(as<bs&&bs<cs)    list[28] = 1;
```

```
120          if(as<cs&&cs<bs)   list[29] = 1;
121          if(bs<as&&as<cs)   list[30] = 1;
122          if(bs<cs&&cs<as)   list[31] = 1;
123          if(cs<as&&as<bs)   list[32] = 1;
124          if(cs<bs&&bs<as)   list[33] = 1;
125          if(as==bs&&bs!=cs) list[34] = 1;
126          if(as==cs&&cs!=bs) list[35] = 1;
127          if(bs==cs&&cs!=as) list[36] = 1;
128          if(as==bs&&bs==cs)     list[37] = 1;
129       end
130    end
131    endmodule
```

Testbench中的第43～53行，随机生成无符号数模式下的信号a、b、c，随机生成1000组数据。第54～59行，生成a==b==c的情况，随机生成1000组数据。因为如果完全随机的话，很难随机到a==b==c的情况，除非运行"长仿"，所以为了提高仿真效率，将a==b==c的情况单独随机生成。第60～66行，随机生成有符号数模式下的信号a、b、c，随机生成1000组数据。第67～72行，随机生成有符号数模式下的a==b==c的情况，1000组数据。第73～76行，统计条件命中次数，赋值给变量sum，一共有38个条件，sum/38即功能覆盖率，并打印显示。第81～83行，将无符号数转成有符号数，赋值给变量as、bs、cs，为了后续的功能覆盖率收集容器中的有符号数判断。第85～130行，根据功能覆盖率收集表（表11-8），通过if-else语句，罗列出了所有的条件，如果条件命中，list变量相应的bit位就被置1。

Modelsim运行脚本文件的内容如下：

```
1   #################     ModelSim TCL     #######################
2
3   set  TB_DIR  ../sim
4   set  VL_DIR  ../verilog
5
6   ##### Create the Project/Lib #####
7
8   #vlib work
9   # map the library
10  #vmap work work
11
12  ##### Compile the verilog #####
13
14  vlog -cover sb \
15      ${TB_DIR}/tb.v \
16      ${VL_DIR}/sort3.v
17
18  ##### Start Simulation #####
19
20  vsim -coverage work.tb
21
22  #add wave -binary clk rst
```

```
23    add wave *
24    view wave
25
26    #add wave -unsigned random c_count
27
28    run -all
29
30    ##### Quit the Simulation #####
31
32    # quit -sim
```

脚本文件中的第14行，编译命令vlog中增加了"-cover sb"选项，用来收集行覆盖率（Stmts）和分支覆盖率（Branches）。第20行，仿真命令vsim中增加了"-coverage"选项，用来运行代码覆盖率，生成代码覆盖率报告。

仿真运行的结果如图11-9所示，"Transcript"窗口中显示功能覆盖率达到38/38，即100%，符合验证要求。

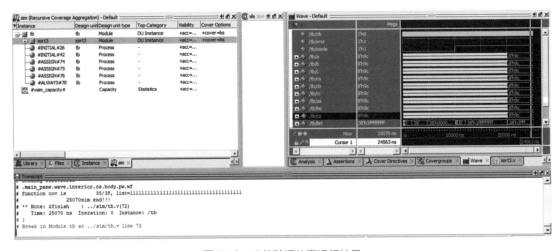

图11-9 功能验证仿真运行结果

通过"Analysis"窗口可以查看行覆盖率情况（如图11-10所示）和分支覆盖率情况（如图11-11所示），以及可以查看总体覆盖率报告（如图11-12所示），行覆盖率和分支覆盖率都达到100%，符合验证要求。

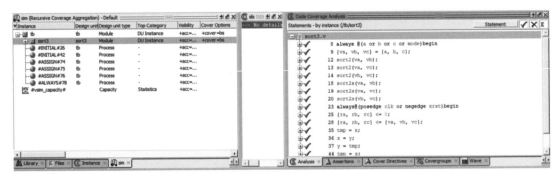

图11-10 行覆盖率结果

图11-11　分支覆盖率结果

Instance	Design unit	Design unit type	Total coverage	Stmt count	Stmts hit	Stmts missed	Stmt %	Stmt graph	Branch count	Branches hit	Branches missed	Branch %	Branch graph
/tb/sort3	sort3	Module	100%	17	17	0	100%		8	8	0	100%	
/tb/sort3/sort2s		TaskFunction	100%	3	3	0	100%		2	2	0	100%	
/tb/sort3/sort2		TaskFunction	100%	3	3	0	100%		2	2	0	100%	

图11-12　总体覆盖率报告

11.5　结果自动对比应用实例解析

【实例要求】对一个4组输入乘加器的功能验证。要求如下：

① 采用随机激励输入。

② 编写期待值模型。

③ 实现结果自动对比，并将结果打印到屏幕或保存到文件中。

乘加器电路的功能如下：

① 4组数据输入，每组两个4bit无符号数相乘，再进行累加，输出一个10bit无符号数的乘加累计结果。

② 具有运算启动功能，当START信号高电平时，输入有效数据，开始运算。

③ 当输出DONE信号时，表示乘加累计结果计算完成，同时输出乘加结果。

乘加器电路的动作波形示意图如图11-13所示。

图11-13　乘加器电路的动作波形示意图

乘加器电路的端口列表如表11-9所示。

表11-9　乘加器电路的端口列表

端口名称	位宽	方向	有效极性	功能说明
CLK		input		系统时钟
RSTN		input	低电平	系统复位
R_in	[3:0]	input		输入信号R
Q_in	[3:0]	input		输入信号Q

端口名称	位宽	方向	有效极性	功能说明
START_in		input	高电平	输入信号有效
MA_out	[9:0]	output		乘加结果输出
DONE		output	高电平	乘加结果输出有效

被测电路代码：包含以下9个文件，其中被测电路的顶层模块是MAC_4D。

- Control_Unit.v
- Counter.v
- Data_Path.v
- Full_adder.v
- MAC_4D.v
- Multiplier.v
- Onebit_shift_reg.v
- Register.v
- Shift_register.v

```verilog
1    module MAC_4D(CLK,RSTN,R_in,Q_in,START_in,MA_out,DONE);
2    input       CLK,RSTN,START_in;
3    input  [3:0] R_in,Q_in;
4    output reg [9:0] MA_out;
5    output reg       DONE;
6    reg  start_1t;
7    wire start_pos;
8    reg  start_pos_1t,start_pos_2t,start_pos_3t;
9    wire mul_done;
10   reg  mul_done_1t;
11   reg  [3:0]r0,q0,r1,q1,r2,q2,r3,q3;
12   reg  [1:0]cnt;
13   wire [3:0]r_sel;
14   wire [3:0]q_sel;
15   wire     start_sel;
16   wire [7:0]P_out;
17   always@(posedge CLK or negedge RSTN)begin
18        if(!RSTN)begin
19            start_1t <= 1'b0;
20            start_pos_1t <= 1'b0;
21            start_pos_2t <= 1'b0;
22            start_pos_3t <= 1'b0;
23            mul_done_1t    <= 1'b0;
24        end
25        else begin
26            start_1t <= START_in;
27            start_pos_1t <= start_pos;
28            start_pos_2t <= start_pos_1t;
```

```verilog
29                     start_pos_3t <= start_pos_2t;
30                     mul_done_1t    <= mul_done;
31             end
32      end
33      assign start_pos = START_in&~start_1t;
34      always@(posedge CLK or negedge RSTN)begin
35             if(!RSTN)begin
36                 r0 <= 4'h0;
37                 q0 <= 4'h0;
38             end
39             else if(start_pos)begin
40                 r0 <= R_in;
41                 q0 <= Q_in;
42             end
43      end
44      always@(posedge CLK or negedge RSTN)begin
45             if(!RSTN)begin
46                 r1 <= 4'h0;
47                 q1 <= 4'h0;
48             end
49             else if(start_pos_1t)begin
50                 r1 <= R_in;
51                 q1 <= Q_in;
52             end
53      end
54      always@(posedge CLK or negedge RSTN)begin
55             if(!RSTN)begin
56                 r2 <= 4'h0;
57                 q2 <= 4'h0;
58             end
59             else if(start_pos_2t)begin
60                 r2 <= R_in;
61                 q2 <= Q_in;
62             end
63      end
64      always@(posedge CLK or negedge RSTN)begin
65             if(!RSTN)begin
66                 r3 <= 4'h0;
67                 q3 <= 4'h0;
68             end
69             else if(start_pos_3t)begin
70                 r3 <= R_in;
71                 q3 <= Q_in;
72             end
73      end
74      always@(posedge CLK or negedge RSTN)begin
75             if(!RSTN)begin
76                 cnt <= 2'h0;
```

```
77              end
78          else if(start_pos)begin
79              cnt <= 2'h0;
80          end
81          else if(mul_done)begin
82              cnt <= cnt + 1'b1;
83          end
84      end
85      assign r_sel = cnt==2'h1 ? r1 :
86               · cnt==2'h2 ? r2 :
87                 cnt==2'h3 ? r3 : r0;
88      assign q_sel = cnt==2'h1 ? q1 :
89                 cnt==2'h2 ? q2 :
90                 cnt==2'h3 ? q3 : q0;
91      assign start_sel = start_pos || (cnt!=4'h0 && mul_done_1t);
92      Multiplier Multiplier(
93          .CLK       (CLK          ),
94          .RSTN         (RSTN            ),
95          .R_in         (r_sel          ),
96          .Q_in         (q_sel          ),
97          .START_in(start_sel   ),
98          .P_out        (P_out          ),
99          .DONE         (mul_done       )
100     );
101     always@(posedge CLK or negedge RSTN)begin
102         if(!RSTN)begin
103             MA_out <= 10'h0;
104         end
105         else if(start_pos)begin
106             MA_out <= 10'h0;
107         end
108         else if(mul_done_1t)begin
109             MA_out <= MA_out + P_out;
110         end
111     end
112     always@(posedge CLK or negedge RSTN)begin
113         if(!RSTN)begin
114             DONE <= 1'b0;
115         end
116         else if(mul_done_1t&&cnt==2'h0)begin
117             DONE <= 1'b1;
118         end
119         else begin
120             DONE <= 1'b0;
121         end
122     end
123     endmodule
```

```
1    module Multiplier(CLK,RSTN,R_in,Q_in,START_in,P_out,DONE);
2    input        CLK,RSTN,START_in;
3    input   [3:0] R_in,Q_in;
4    output [7:0] P_out;
5    output       DONE;
6    wire [3:0] Q_out,R_to_Add;
7    wire [2:0] present_state;
8    wire         Counter_EN,LD_Q,LD_R,LD_P,LD_G,SHIFT,Q_LSB,EQ_4;
9    Control_Unit  CTR(DONE,Counter_EN,LD_Q,LD_R,LD_P,LD_G,
10                  SHIFT,START_in,RSTN,Q_LSB,EQ_4,CLK,present_state);
11   Data_Path     DP(P_out,EQ_4,Q_LSB,Q_out,R_to_Add,Q_in,R_in,LD_Q,LD_R,LD_P,
LD_G,
12                  SHIFT,Counter_EN,DONE,CLK,RSTN);
13   endmodule
```

```
1    module Control_Unit(DONE,Counter_EN,LD_Q,LD_R,LD_P,LD_G,SHIFT,START,RSTN,
Q_LSB,EQ_4,CLK,present_state);
2    input START,CLK,RSTN,Q_LSB,EQ_4;
3    output DONE,Counter_EN,LD_Q,LD_R,LD_P,LD_G,SHIFT;
4    output [2:0] present_state;
5    reg [2:0] present_state,next_state;
6    reg LD_Q,LD_R,LD_P,LD_G,SHIFT,Counter_EN,DONE;
7    reg START_dly,START_dly1,pos_start;
8    parameter
9    idle=3'b000,init=3'b001,empty=3'b010,add=3'b011,shift=3'b100,done=3'b101;
10   always @ (posedge CLK or negedge RSTN)
11       if(~RSTN)begin
12           present_state <= idle;
13           START_dly <= 0;
14           START_dly1 <= 0;
15       end
16       else begin
17           present_state <= next_state;
18           START_dly <= START;
19           START_dly1 <= START_dly;
20       end
21   always @ (START_dly or START_dly1)
22       pos_start=START_dly & (~START_dly1);
23   always @ (present_state or pos_start or Q_LSB or EQ_4)begin
24     case(present_state)
25           idle:
26           begin
27               LD_R =0;LD_P =0;LD_Q=0;LD_G=0;
28               Counter_EN=0;SHIFT=0;DONE=0;
29               if(pos_start)
30                   next_state=init;
31               else
32                   next_state=idle;
```

```
33              end
34          init:
35            begin
36                    LD_R=1;LD_P=0;LD_Q=1;LD_G=0;
37                Counter_EN=0;SHIFT=0;DONE=0;
38                next_state=empty;
39             end
40          empty:
41          begin
42                LD_R=0;LD_P=0;LD_Q=0;LD_G=0;
43                Counter_EN=0;SHIFT=0;DONE=0;
44                if(Q_LSB==1)
45                    next_state=add;
46                else
47                    next_state=shift;
48                end
49          add:
50          begin
51                LD_R=0;LD_P=1;LD_Q=0;LD_G=1;
52                Counter_EN=0;SHIFT=0;DONE=0;
53                next_state=shift;
54          end
55      shift:
56          begin
57                LD_R=0;LD_P=0;LD_Q=0;LD_G=0;
58                Counter_EN=1;SHIFT=1;DONE=0;
59                if(EQ_4==1)
60                    next_state=done;
61                else
62                    next_state=empty;
63             end
64          done:
65          begin
66                LD_R=0;LD_P=0;LD_Q=0;LD_G=0;
67                Counter_EN=0;SHIFT=0;DONE=1;
68                next_state=idle;
69          end
70      endcase
71      end
72      endmodule
```

```
1     module Data_Path(P,EQ_4,Q_LSB,Q_out,R_to_Add,Q,R,LD_Q,LD_R,LD_P,LD_G,SHIFT,
Counter_EN,DONE,CLK,RSTN);
2     input [3:0] Q,R;
3     input LD_Q,LD_R,LD_P,SHIFT,Counter_EN,DONE,CLK,RSTN,LD_G;
4     output [3:0] Q_out;
5     output [3:0] R_to_Add;
6     output EQ_4,Q_LSB;
```

```verilog
7     output [7:0] P;
8     reg [7:0] P;
9     wire Cout,G2P,P_LSB,P_LSB_out;
10    wire [3:0] P_add_R,P_high,P_low;
11    wire  [3:0] Q_out,R_to_Add;
12    Shift_register SR_Q(Q_out,Q_LSB,Q,Q_LSB,LD_Q,SHIFT,CLK,RSTN,DONE);//
13    Register Reg_R(R_to_Add,R,LD_R,CLK,RSTN);
14    Full_adder FA(P_high,R_to_Add,P_add_R,Cout);
15    Counter  CNT(EQ_4,Counter_EN,DONE,~CLK,RSTN);
16    Shift_register SR_P_H(P_high,P_LSB,P_add_R,G2P,LD_P,SHIFT,CLK,RSTN,DONE);
17    Shift_register SR_P_L(P_low,P_LSB_out,{4'b0000},P_LSB,{1'b0},SHIFT,CLK,RSTN,
DONE);
18    Onebit_shift_reg SR_G(G2P,Cout,LD_G,SHIFT,CLK,RSTN);
19    always @ (posedge CLK or negedge RSTN)
20        if(~RSTN)
21                P<=0;
22            else if(DONE)
23                P<={P_high,P_low};
24        else
25            P<=P;
26    endmodule
```

```verilog
1     module Full_adder(a_in,b_in,sum_out,c_out);
2     input[3:0] a_in,b_in;
3     output[3:0] sum_out;
4     output c_out;
5     assign {c_out,sum_out}=a_in+b_in;
6     endmodule
```

```verilog
1     module Counter(EQ_4,Counter_EN,CLR,clk,RSTN);
2     input Counter_EN,CLR,clk,RSTN;
3     output EQ_4;
4     reg [2:0]Q;
5     wire EQ_4;
6     always @(posedge clk or negedge RSTN)
7     begin
8         if(~RSTN)
9             Q<=0;
10        else if(CLR)
11            Q<=0;
12        else if(Counter_EN)
13                Q<=Q+1;
14    end
15    assign  EQ_4=Q[2];
16    endmodule
```

```verilog
1     module Onebit_shift_reg(Data_out,Data_in,load,shift,clk,RSTN);
2     input  Data_in;
```

```
3     input load,shift,clk,RSTN;
4     output Data_out;
5     reg Data_out;
6     always @ (posedge clk or negedge RSTN)begin
7         if(~RSTN)
8             Data_out<=1'b0;
9             else
10                case({shift,load})
11                        0:Data_out<=Data_out;
12                    1:Data_out<=Data_in;
13                    default:Data_out<=1'b0;
14                endcase
15    end
16    endmodule
```

```
1     module Register(Data_out,Data_in,load,clk,RSTN);
2     input[3:0] Data_in;
3     input load,clk,RSTN;
4     output [3:0] Data_out;
5     reg  [3:0] Data_out;
6     always @ (posedge clk or negedge RSTN)begin
7         if(~RSTN)
8             Data_out<=4'b0000;
9         else
10            case(load)
11                    0:Data_out<=Data_out;
12                    1:Data_out<=Data_in;
13            endcase
14    end
15    endmodule
```

```
1     module Shift_register(Data_out,LSB_out,Data_in,MSB_in,load,shift,clk,
RSTN,CLR);
2     output [3:0]Data_out;
3     output LSB_out;
4     input load,shift;
5     input[3:0]Data_in;
6     input MSB_in;
7     input clk,RSTN,CLR;
8     reg [3:0] Data_out;
9     assign LSB_out=Data_out[0];
10    always @(posedge clk or negedge RSTN)begin
11        if(~RSTN) Data_out<=4'b0000;
12        else if(CLR) Data_out<=4'b0000;
13        else
14                case({shift,load})
15                0:Data_out<=Data_out;
```

```
16                    1:Data_out<=Data_in;
17                    2:Data_out<={MSB_in,Data_out[3:1]};
18                    default:Data_out<=Data_out;
19            endcase
20    end
21    endmodule
```

【分析】被测电路顶层MAC_4D是一个4组输入乘加器电路，输入2路数据R_in和Q_in，都是4位，因此，输入数据的取值范围是0～15。另外，还有一个START_in信号，表示输入数据信号R_in和Q_in的有效性，当START_in为高电平时，输入数据有效，而且根据乘加器电路的动作波形示意图（图11-13），START_in有效时保持4个时钟周期，即输入4组数据。

输入数据后，被测电路将每组两个4bit无符号数相乘，再进行累加，最后输出一个10bit无符号数的乘加累计结果，并输出DONE信号。

实现结果自动对比的验证环境，主要包括以下步骤：

① 建立期待值模型。

② 等待被测电路的结果输出完成。

③ 调用期待值模型，产生期待值数据。

④ 对比结果并打印。

其中难点是期待值模型的建立。期待值模型的实现思路是：

① 期待值模型对比被测电路：功能一致。

② 期待值要使用简单直接的描述方式。

③ 期待值模型通常使用Task编写，不要带有时序。

④ 期待值模型（Task）调用时，要对齐被测电路的输出时序。

【实现思路】

① 对输入激励进行随机，信号R_in和Q_in的数据随机范围设定为0～15。另外，START_in信号需要和信号R_in和Q_in同步，当START_in信号有效时，生成R_in和Q_in信号的随机数据，维持4个时钟后（4组随机数），START_in信号变为无效。通过for循环测试1000组数据，或更多的随机数据。

② 建立期待值模型。可以通过Task来实现期待值模型。分析理解了被测电路的功能和算法后，可以直接写出它的计算公式：

$$Result = R1 \times Q1 + R2 \times Q2 + R3 \times Q3 + R4 \times Q4 \qquad (11\text{-}1)$$

式中，R1和Q1是输入的第一组数据，R2和Q2是输入的第二组数据，R3和Q3是输入的第三组数据，R4和Q4是输入的第四组数据。可以在Testbench中一次性地生成这4组数据，然后依次输入到被测电路的R_in和Q_in端口，同时这4组数据可以直接用于期待值的计算。

③ 等待被测电路的结果输出完成。被测电路的DONE信号表示计算完成，输出乘加结果数据。所以，直接等待这个DONE信号即可。

④ 调用期待值模型，产生期待值数据。直接调用期待值Task，将4组数据R1、Q1、R2、Q2、R3、Q3、R4、Q4代入Task，即可得到期待值结果数据。

⑤ 对比结果并打印。比较被测电路的输出结果数据MA_out和期待值结果数据是否相等，并输出打印"OK"或"NG"。同时，最好也打印出各个信号数据值和比对的时刻，以

便于调试。另外，可以通过一个变量来统计对比错误的次数，便于查看最终验证结果。

⑥ 可以通过forever语句循环执行③～⑤，实现多组数据的连续自动对比。

```verilog
1    `timescale    1ns/1ns
2    module tb;
3    parameter CYCLE = 10;
4    reg  clk;
5    reg  rst_n;
6    reg [3:0] R_in;
7    reg [3:0] Q_in;
8    reg START_in;
9    wire [9:0] MA_out;
10   wire DONE;
11   reg [3:0] R1,R2,R3,R4;
12   reg [3:0] Q1,Q2,Q3,Q4;
13   reg [9:0] exp_MA;
14   integer i;
15   integer err_num;
16   //RTL instance
17   MAC_4D MAC_4D (
18       .CLK(clk),
19       .RSTN(rst_n),
20       .R_in(R_in),
21       .Q_in(Q_in),
22       .START_in(START_in),
23       .MA_out(MA_out),
24       .DONE(DONE)
25   );
26   //generate clk
27   initial begin
28       clk = 0;
29       forever begin
30           #(CYCLE/2);
31           clk = 1;
32           #(CYCLE/2);
33           clk = 0;
34       end
35   end
36   //generate reset
37   initial begin
38       rst_n = 0;
39       #(3*CYCLE);
40       rst_n = 1;
41   end
42   //generate input
43   initial    begin
44       R_in = 0; Q_in = 0;
45       START_in = 0;
```

```
46              err_num = 0;
47              #(5*CYCLE);
48              for(i=0; i<1000; i=i+1)begin
49                      R1 = $random%16;
50                      Q1 = $random%16;
51                      R2 = $random%16;
52                      Q2 = $random%16;
53                      R3 = $random%16;
54                      Q3 = $random%16;
55                      R4 = $random%16;
56                      Q4 = $random%16;
57                      START_in = 1;
58                      R_in = R1; Q_in = Q1;
59                      #(CYCLE);
60                      R_in = R2; Q_in = Q2;
61                      #(CYCLE);
62                      R_in = R3; Q_in = Q3;
63                      #(CYCLE);
64                      R_in = R4; Q_in = Q4;
65                      #(CYCLE);
66                      START_in = 0;
67                      R_in = 0; Q_in = 0;
68                      @(DONE);
69                      #(CYCLE);
70              end
71              #(100*CYCLE);
72              $display("check error numbers are %d",err_num);
73              $display($time,"sim end!!!");
74              $finish;
75      end
76      //auto compare
77      initial begin
78              #(5*CYCLE);
79              forever begin
80                      @DONE;
81                      #1;
82                      t_mac(R1,Q1,R2,Q2,R3,Q3,R4,Q4,exp_MA);
83                      if(MA_out!==exp_MA)begin
84                              $display($time,"NG: R1=%d,Q1=%d,R2=%d,Q2=%d,R3=%d,Q3=%d,R4=
%d,Q4=%d,MA_out=%d,exp_MA=%d",
85                                      R1,Q1,R2,Q2,R3,Q3,R4,Q4,MA_out,exp_MA);
86                              err_num = err_num+1;
87                      end
88                      else
89                              $display($time,"OK: R1=%d,Q1=%d,R2=%d,Q2=%d,R3=%d,Q3=%d,R4=
%d,Q4=%d,MA_out=%d,exp_MA=%d",
90                                      R1,Q1,R2,Q2,R3,Q3,R4,Q4,MA_out,exp_MA);
91                      #(CYCLE);
```

```
 92          end
 93     end
 94     //reference model
 95     task t_mac;
 96          input    [3:0] R1;
 97          input    [3:0] Q1;
 98          input    [3:0] R2;
 99          input    [3:0] Q2;
100          input    [3:0] R3;
101          input    [3:0] Q3;
102          input    [3:0] R4;
103          input    [3:0] Q4;
104          output   [9:0] MA;
105          reg  [9:0] MA1,MA2,MA3,MA4;
106     begin
107          MA1 = R1*Q1;
108          MA2 = R2*Q2;
109          MA3 = R3*Q3;
110          MA4 = R4*Q4;
111          MA = MA1+MA2+MA3+MA4;
112     end
113     endtask
114     endmodule
```

Testbench 中的第 48 ~ 70 行, 随机生成 4 组数据, 并依次输入给被测电路端口 R_in 和 Q_in, 并使 START_in 信号有效, 开启乘加运算, 等待运算结束, 即 DONE 信号产生后, 再开始下一组数据序列, 随机生成 1000 组这样的数据序列。第 72 行, 仿真结束前, 打印显示结果自动对比的错误次数。第 77 ~ 93 行, 通过 forever 循环执行被测电路输出结果和期待值结果的对比。其中, 第 80 行, 等待 DONE 信号有效, 即被测电路结果输出有效; 第 82 行, 调用期待值模型 Task, 生成期待值结果 exp_MA; 第 83 行, 对比被测电路输出结果 MA_out 和期待值结果 exp_MA, 并打印对比结果 "OK" 或 "NG"; 第 86 行, 对比失败时, 将错误计数变量 err_num 加 1, 统计失败次数。第 95 ~ 113 行, 通过 Task 语法编写期待值模型, 得到 4 组输入数据的乘加运算期待值结果。

Modelsim 仿真结果如图 11-14 所示, "Transcript" 窗口中打印显示了所有数据的对比情况, 结果都是 "OK", 最终的失败次数统计也是 "0", 表示结果自动对比正确。

11.6 UVM 验证实例解析

【实例要求】对一个 SPI 接口电路搭建 UVM 验证环境及进行功能验证。

SPI 接口电路的功能如下:

① 将 SPI 接口转换成 C-BUS 接口。

② SPI 接口时序如图 11-15 和图 11-16 所示, 可实现 SPI 写操作和 SPI 读操作。

③ C-BUS 接口时序如图 11-17 和图 11-18 所示, 可实现写操作和读操作。

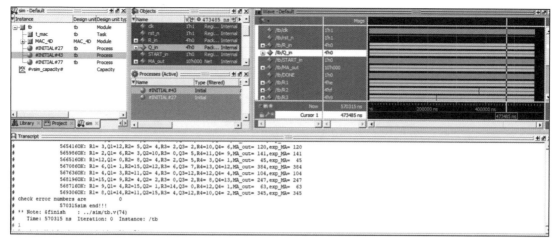

图11-14 Modelsim仿真结果

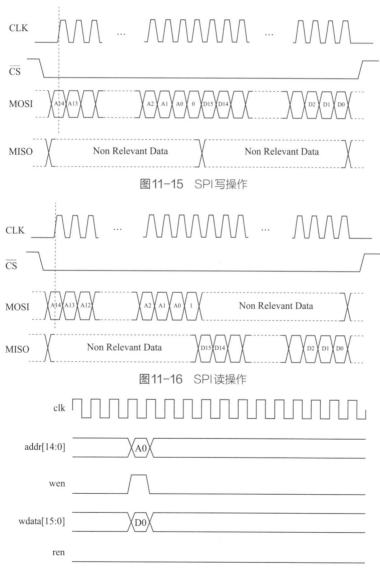

图11-15 SPI写操作

图11-16 SPI读操作

图11-17 C-BUS写操作

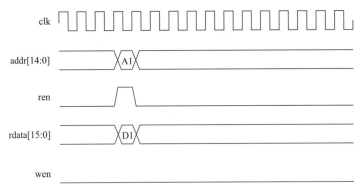

图11-18 C-BUS读操作

被测电路的端口列表如表11-10所示。

表11-10 被测电路的端口列表

端口名称	位宽	方向	有效极性	功能说明
clk		input		系统时钟（50MHz）
rst_n		input	低电平	系统复位
SCLK		input		SPI传输时钟信号（最高速度5MHz）
MISO		output		SPI传输数据信号（主机输入从机输出）
MOSI		input		SPI传输数据信号（主机输出从机输入）
CS		input	低电平	SPI传输片选信号
addr	[14:0]	output		C-BUS地址
wen		output	高脉冲	C-BUS写有效
ren		output	高脉冲	C-BUS读有效
wdata	[15:0]	output		C-BUS写数据
rdata	[15:0]	input		C-BUS读数据

被测电路的代码如下：

```
1    module spiSlave(
2    input    clk,
3    input    rst_n,
4    input    SCLK,
5    output   MISO,    //MISO output high usually
6    input    MOSI,
7    input    CS,
8    output   reg [14:0] addr,
9    output   reg wen,
10   output   reg ren,
11   output   reg [15:0] wdata,
12   input    [15:0] rdata
13   );
14   reg  [3:0] SCLK_t;
15   reg  [1:0] MOSI_t;
```

```
16      reg   [1:0] CS_t;
17      wire SCLK_2t_pos;
18      wire SCLK_3t_pos;
19      wire SCLK_2t_neg;
20      reg   [5:0] bit_cnt;
21      reg   [31:0] buff;
22      reg   ren_1t;
23      reg   [15:0] rdata_hold;
24
25      //SPI signal 2 FF sync
26      always @(posedge clk or negedge rst_n)begin
27          if(!rst_n)begin
28              SCLK_t    <= 4'h0;
29              MOSI_t    <= 2'h0;
30              CS_t      <= 2'h3;
31              ren_1t    <= 1'b0;
32          end
33          else begin
34              SCLK_t   <= {SCLK_t[2:0],SCLK};
35              MOSI_t   <= {MOSI_t[0],MOSI};
36              CS_t <= {CS_t[0],CS};
37              ren_1t   <= ren;
38          end
39      end
40      assign   SCLK_2t_pos  = SCLK_t[1]&~SCLK_t[2];
41      assign   SCLK_3t_pos  = SCLK_t[2]&~SCLK_t[3];
42      assign   SCLK_2t_neg  = ~SCLK_t[1]&SCLK_t[2];
43      //bit_cnt use for count every bit
44      always @(posedge clk or negedge rst_n)begin
45          if(!rst_n)begin
46              bit_cnt    <= 5'h0;
47          end
48          else if(CS_t[1])begin
49              bit_cnt    <= 5'h0;
50          end
51          else if(SCLK_2t_pos)begin
52              bit_cnt    <= bit_cnt + 1'b1;
53          end
54      end
55      //buff use for receive 32bit data
56      always @(posedge clk or negedge rst_n)begin
57          if(!rst_n)begin
58              buff <= 32'h0;
59          end
60          else if(CS_t[1])begin
61              buff <= 32'h0;
62          end
63          else if(SCLK_2t_pos)begin
```

```
64              buff <= {buff[30:0],MOSI_t[1]};
65          end
66      end
67  //addr output
68  always @(posedge clk or negedge rst_n)begin
69      if(!rst_n)begin
70          addr <= 15'h0;
71      end
72      else if(CS_t[1])begin
73          addr <= 15'h0;
74      end
75      else if(SCLK_3t_pos && bit_cnt=='d16)begin
76          addr <= buff[15:1];
77      end
78  end
79  //ren output
80  always @(posedge clk or negedge rst_n)begin
81      if(!rst_n)begin
82          ren  <= 1'b0;
83      end
84      else if(CS_t[1])begin
85          ren  <= 1'b0;
86      end
87      else begin
88          ren  <= SCLK_3t_pos && bit_cnt=='d16 && buff[0];
89      end
90  end
91  //wen output
92  always @(posedge clk or negedge rst_n)begin
93      if(!rst_n)begin
94          wen  <= 1'b0;
95      end
96      else if(CS_t[1])begin
97          wen  <= 1'b0;
98      end
99      else begin
100         wen  <= SCLK_3t_pos && bit_cnt=='d32 && ~buff[16];
101     end
102 end
103 //wdata output
104 always @(posedge clk or negedge rst_n)begin
105     if(!rst_n)begin
106         wdata    <= 16'h0;
107     end
108     else if(CS_t[1])begin
109         wdata    <= 16'h0;
110     end
111     else if(SCLK_3t_pos && bit_cnt=='d32 && ~buff[16])begin
```

```
112              wdata        <= buff[15:0];
113          end
114      end
115      //rdata_hold use for hold  rdata
116      always @(posedge clk or negedge rst_n)begin
117          if(!rst_n)begin
118              rdata_hold    <= 16'hFFFF;
119          end
120          else if(CS_t[1])begin
121              rdata_hold    <= 16'hFFFF;
122          end
123          else if(ren_1t)begin
124              rdata_hold    <= rdata;
125          end
126          else if(SCLK_2t_neg && bit_cnt>16)begin
127              rdata_hold    <= {rdata_hold[14:0],1'b1};
128          end
129      end
130      //MISO output
131      assign   MISO  = rdata_hold[15];
132      endmodule
```

【分析】被测电路是一个SPI接口转C-BUS接口的转换电路。SPI接口部分，信号线包括SCLK、MISO、MOSI、CS共4根，时钟信号线SCLK平时低电平，上升沿时数据有效，因此数据信号线MISO和MOSI在时钟信号线的下降沿变化，上升沿时保持稳定。另外，SPI传输数据过程中，信号线CS要保持低电平，传输无效区间保持高电平。SPI的时序图中可以看出，先串行传送15bit的地址信息，然后传送1bit的读写信息（0表示写，1表示读），最后传送16bit的数据信息。地址和数据都是先传送高位。C-BUS接口信号比较简单，包括15bit的地址addr[14:0]，写使能we，读使能re，16bit的写数据wdata[15:0]，16bit的读数据rdata[15:0]。当we输出高脉冲时，表示要将写数据wdata写入地址addr中；当re输出高脉冲时，表示要将地址addr中的数据rdata读入。

被测电路的接口有2个：SPI接口和C-BUS接口。实现的功能是数据读写传输，没有其他功能模式。因此，通过UVM验证环境进行功能验证时，只需要包含基本组件即可，设计的UVM框架结构如图11-19所示。

① Transaction。被测电路传输内容包含3部分：15bit地址，1bit读写操作，16bit数据。因此设计的Transaction也包含这3个属性。

② Interface组件。包含2个Interface：左边的Interface是SPI接口的，右边的Interface是C-BUS接口的。

③ Driver组件。随机产生Transaction，将Transaction变成信号级描述，通过SPI接口的Interface发送给被测电路（DUT），同时将生成的Transaction通过Port传送到Scoreboard，作为期待值用于结果自动对比。

④ Monitor组件。通过C-BUS接口Interface接收信号级数据，并组装成Transaction通过Port传送到Scoreboard，作为实际值用于结果自动对比。当验证被测电路的写操作时，Monitor组件接收到的Transaction信息完全来自Driver组件的发送。当验证被测电路的读

操作时，需要在Monitor组件中产生读数据用来应答，这时Monitor组件中也要随机产生Transaction。因此读操作时，Monitor组件中的最终Transaction由来自Driver组件发送的地址、读写操作，以及自己产生的数据打包而成。

⑤ Scoreboard组件。分别接收来自Driver组件和Monitor组件的Transaction，将2个Transaction进行对比，并打印比较结果。

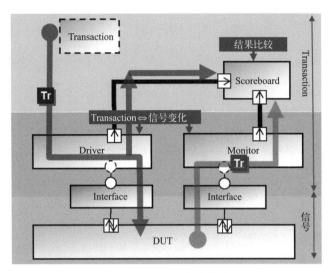

图11-19　UVM框架结构

【代码实现】

■ （1）Transaction的代码实现

```
1    class my_transaction extends uvm_sequence_item;
2        rand bit   kind;
3        rand bit[14:0] addr;
4        rand bit[15:0] data;
5        //add constaint
6        //constraint addr_cons{
7        //    addr[1:0]==0;
8        //}
9        //new
10       function new(string name = "my_transaction");
11           super.new(name);
12       endfunction
13       //add to object list
14       //`uvm_object_utils(my_transaction)
15       `uvm_object_utils_begin(my_transaction)
16           `uvm_field_int(kind,UVM_ALL_ON)
17           `uvm_field_int(addr,UVM_ALL_ON)
18           `uvm_field_int(data,UVM_ALL_ON)
19       `uvm_object_utils_end
20   endclass
```

代码中的第1行，通过语法extends继承父类uvm_sequence_item。第2～4行，定义包含的3个属性kind、addr、data，通过关键字rand进行定义，以用于随机生成数值。第10～12行，定义new函数，函数主体中只是先创建它的父类。第15～19行，将3个属性注册到组件列表中。

■ （2）SPI接口的Interface的代码实现

```
1    interface spi_if(input clk,input rst_n);
2    logic SCLK;
3    logic MISO;
4    logic MOSI;
5    logic CS;
6    endinterface
```

代码中的第2～5行，定义了SPI接口的4个信号线。

■ （3）C-BUS接口的Interface的代码实现

```
1    interface cbus_if(input clk,input rst_n);
2    logic [14:0] addr;
3    logic wen;
4    logic ren;
5    logic [15:0] wdata;
6    logic [15:0] rdata;
7    endinterface
```

代码中的第2～6行，定义了C-BUS接口的5组信号线。

■ （4）Driver组件的代码实现

```
1    class my_driver extends uvm_driver;
2        virtual spi_if vif;
3        uvm_analysis_port #(my_transaction) ap;
4        //new
5        function new(string name = "my_driver",uvm_component parent = null);
6            super.new(name,parent);
7        endfunction
8        //build phase:(1)config if.(2)new port
9        virtual function void build_phase(uvm_phase phase);
10           super.build_phase(phase);
11           if(!uvm_config_db #(virtual spi_if)::get(this,"","vif",vif))
12               `uvm_fatal("my_driver","virtual interface must be set for
vif")
13           ap = new("ap",this);
14       endfunction
15       //main phase:(1)new transaction and randomaize.(2)transaction to DUT
signal through if.
16       //            (3)transaction to scoreboard through port
17       task main_phase(uvm_phase phase);
```

```
18              my_transaction tr;
19              `uvm_info("my_dirver","enter main_phase",UVM_LOW);
20              phase.raise_objection(this);
21              vif.CS <= 1'b1;
22              vif.SCLK <= 1'b0;
23              vif.MOSI <= 1'b0;
24              while(!vif.rst_n)@(posedge vif.clk);
25              for(int i=0; i<100; i++)begin
26                  tr = new("tr");
27                  tr.randomize() with {addr[0]==0;};
28                  drive_one_pkt(tr);
29                  ap.write(tr);
30              end
31              phase.drop_objection(this);
32          endtask
33          //sub task:transaction to DUT signal through if
34          task drive_one_pkt(my_transaction tr);
35              `uvm_info("my_dirver","begin dirve one pkt",UVM_LOW);
36              @(posedge vif.clk);
37              vif.CS <= 1'b0;
38              //SPI addr
39              for(int i=0; i<15; i++)begin
40                  vif.MOSI <= tr.addr[14-i];
41                  repeat(10)@(posedge vif.clk);
42                  vif.SCLK <= 1'b1;
43                  repeat(10)@(posedge vif.clk);
44                  vif.SCLK <= 1'b0;
45              end
46              //SPI R/W
47              for(int i=0; i<1; i++)begin
48                  vif.MOSI <= tr.kind;
49                  repeat(10)@(posedge vif.clk);
50                  vif.SCLK <= 1'b1;
51                  repeat(10)@(posedge vif.clk);
52                  vif.SCLK <= 1'b0;
53              end
54              //SPI data
55              for(int i=0; i<16; i++)begin
56                  if(tr.kind==1'b0)            //SPI Write
57                      vif.MOSI <= tr.data[15-i];
58                  repeat(10)@(posedge vif.clk);
59                  vif.SCLK <= 1'b1;
60                  if(tr.kind==1'b1)            //SPI Read
61                      tr.data[15-i] <= vif.MISO;
62                  repeat(10)@(posedge vif.clk);
63                  vif.SCLK <= 1'b0;
64              end
65              vif.CS <= 1'b1;
```

```
66                `uvm_info("my_dirver","end dirve one pkt",UVM_LOW);
67          endtask
68          //add to component list
69          `uvm_component_utils(my_driver)
70      endclass
```

代码中的第1行，通过语法extends继承父类uvm_driver。第2行，定义了一个虚拟的spi_if类型的Interface，Driver组件中将Transaction变成信号级后，通过这个Interface发送给DUT，另外，之所以定义为虚拟的Interface，是因为真实的Interface其实是在顶层模块中定义的，做了映射关联后，在这里就可以使用了。第3行，定义了一个Port，Driver组件中生成的Transaction通过这个Port发送给Scoreboard组件，用于结果自动对比。第5～7行，定义new函数，函数主体中只是先创建它的父类。第9～14行，在build_phase中，除了先创建父类，主要做2件事：一是通过get函数，得到来自顶层的SPI接口Interface的关联和配置；二是创建Port。第17～32行，main_phase是Driver组件的主要处理部分，该部分主要做3件事。一是随机生成100个Transaction，在第25行的for循环中，通过new函数创建Transaction后，通过randomize语法随机生成Transaction的值，并且约束随机的条件是地址的最低位是0。因为数据是16bit，即双字节，所以地址需要是偶数才可以。二是第28行调用Task将生成的Transaction转换成信号级，通过SPI接口Interface发送给DUT。三是第29行通过write将Transaction发送到Port中。第34～67行，该Task中将Transaction转换成信号级，发送到SPI接口Interface。按照SPI传输时序，先将CS拉低，再发送15bit地址（见第35～45行），然后发送1bit读写操作（见第47～53行），然后根据读写操作类型发送16bit的数据，或接收16bit的数据，最后CS拉高，至此一次SPI传输结束。第69行，将该Driver组件添加到组件列表中。

■ （5）Monitor组件的代码实现

```
1    class my_monitor extends uvm_monitor;
2        virtual cbus_if vif;
3        uvm_analysis_port #(my_transaction) ap;
4        //new
5        function new(string name = "my_monitor",uvm_component parent = null);
6            super.new(name,parent);
7        endfunction
8        //build phase:(1)config if.(2)new port
9        virtual function void build_phase(uvm_phase phase);
10           super.build_phase(phase);
11           if(!uvm_config_db #(virtual cbus_if)::get(this,"","vif",vif))
12               `uvm_fatal("my_monitor","virtual interface must be set for
vif")
13           ap = new("ap",this);
14       endfunction
15       //main phase:(1)new transaction.(2)receive transaction from DUT signal
through if.
16       //          (3)transaction to scoreboard through port
17       task main_phase(uvm_phase phase);
```

```
18          my_transaction tr;
19          while(1)begin
20              tr = new("tr");
21              tr.randomize();
22              collect_one_pkt(tr);
23              ap.write(tr);
24          end
25      endtask
26      //sub task:receive transaction from DUT signal through if
27      task collect_one_pkt(my_transaction tr);
28          `uvm_info("my_monitor","begin collect one pkt",UVM_LOW);
29          while(1)begin
30              @(posedge vif.clk);
31              if(vif.wen || vif.ren)break;
32          end
33          if(vif.wen)begin
34              tr.kind = 1'b0;
35              tr.data = vif.wdata;
36          end
37          else begin
38              tr.kind = 1'b1;
39              vif.rdata = tr.data;
40          end
41          tr.addr = vif.addr;
42          `uvm_info("my_monitor","end collect one pkt",UVM_LOW);
43      endtask
44      //add to component list
45      `uvm_component_utils(my_monitor)
46  endclass
```

代码中的第1行，通过语法extends继承父类uvm_monitor。第2行，定义了一个虚拟的cbus_if类型的Interface，Monitor组件中通过这个Interface接收来自DUT的信号级数据，转换成Transaction，另外，之所以定义为虚拟的Interface，是因为真实的Interface其实是在顶层模块中定义的，做了映射关联后，在这里就可以使用了。第3行，定义了一个Port，Monitor组件中将转换好的Transaction通过这个Port发送给Scoreboard组件，用于结果自动对比。第5~7行，定义new函数，函数主体中只是先创建它的父类。第9~14行，在build_phase中，除了先创建父类，主要做2件事：一是通过get函数，得到来自顶层的C-BUS接口Interface的关联和配置；二是创建Port。第17~25行，main_phase是Monitor组件的主要处理部分，该部分主要做3件事。一是随机生成Transaction，在第19行的while(1)循环中，通过new函数创建Transaction后，通过randomize语法随机生成Transaction的值，这个随机生成的Transaction主要用于读操作时返回读数据。二是第22行调用Task通过C-BUS接口Interface接收到的信号级转换成Transaction。三是第23行通过write将Transaction发送到Port中。第27~43行，该Task中通过C-BUS接口Interface接收DUT的数据，将信号级转换成Transaction。按照C-BUS协议的时序，当wen拉高时，开始写操作，将地址、写数据、写操作类型组成Transaction；当ren拉高时，开始读操作，将地址、自己生成的读数据、读操作类型组成Transaction，同时将自己生成的数据赋值到C-BUS接口Interface的读数据信号上，用于产生读数据应答。第45行，将该Monitor组件添加到组件列表中。

■ （6）Scoreboard组件的代码实现

```
1    class my_scoreboard extends uvm_scoreboard;
2        my_transaction act_queue[$];
3        uvm_blocking_get_port #(my_transaction) exp_port;
4        uvm_blocking_get_port #(my_transaction) act_port;
5        bit result;
6        //new
7        function new(string name,uvm_component parent = null);
8            super.new(name,parent);
9        endfunction
10       //build phase:new port
11       virtual function void build_phase(uvm_phase phase);
12           super.build_phase(phase);
13           exp_port = new("exp_port",this);
14           act_port = new("act_port",this);
15       endfunction
16       //main phase:(1)get transaction from port.(2)compare transactions with
expect and actual
17       task main_phase(uvm_phase phase);
18           my_transaction tr_exp,tr_act,tr_tmp;
19           fork
20               while(1)begin
21                   act_port.get(tr_act);
22                   act_queue.push_back(tr_act);
23               end
24               while(1)begin
25                   exp_port.get(tr_exp);
26                   if(act_queue.size()>0)begin
27                       tr_tmp = act_queue.pop_front();
28                       result = tr_exp.compare(tr_tmp);
29                       if(result)begin
30                           `uvm_info("my_scoreboard","compare
successfully",UVM_LOW);
31                           tr_act.print();
32                       end
33                       else begin
34                           `uvm_error("my_scoreboard","compare failed");
35                           $display("the expect pkt is");
36                           tr_exp.print();
37                           $display("the actual pkt is");
38                           tr_act.print();
39                       end
40                   end
41                   else begin
```

```
42                                    `uvm_error("my_scoreboard","received form DUT,
while expect queue is empty");
43                                    $display("the unexpected pkt is");
44                                    tr_act.print();
45                              end
46                        end
47                  join
48          endtask
49          //add to component list
50          `uvm_component_utils(my_scoreboard)
51    endclass
```

代码中的第1行，通过语法extends继承父类uvm_scoreboard。第2行，定义了一个队列，用于缓冲来自Monitor组件的Transaction。Scoreboard组件中将来自Driver组件的期待值Transaction和来自Monitor组件的实际值Transaction进行比较，因为会先收到来自Monitor组件的Transaction，所以需要将接收到的Transaction先保存到队列中。第3行和第4行，定义2个Port，用于接收来自Driver组件的期待值Transaction和来自Monitor组件的实际值Transaction。第7～9行，定义new函数，函数主体中只是先创建它的父类。第11～15行，在build_phase中，先创建父类，然后创建2个Port。第17～48行，main_phase是Scoreboard组件的主要处理部分，该部分主要做3件事。一是接收来自Monitor组件的实际值Transaction，并保存到队列中（第20～23行）。二是接收来自Driver组件的期待值Transaction（第25行）。三是收到期待值Transaction后，从队列中取出实际值Transaction（第27行），将2个Transaction进行对比（第28行），并打印比较结果。第50行，将该Scoreboard组件添加到组件列表中。

■ （7）Env组件的代码实现

```
1     class my_env extends uvm_env;
2         my_driver drv;
3         my_monitor mon;
4         my_scoreboard scb;
5
6         uvm_tlm_analysis_fifo #(my_transaction) i_fifo;
7         uvm_tlm_analysis_fifo #(my_transaction) o_fifo;
8         //new
9         function new(string name = "my_env",uvm_component parent);
10            super.new(name,parent);
11        endfunction
12        //build phase:(1)create dirver,monior,scoreboard.(2)new fifo to save
transaction
13        virtual function void build_phase(uvm_phase phase);
14            super.build_phase(phase);
15            drv = my_driver::type_id::create("drv",this);
16            mon = my_monitor::type_id::create("mon",this);
17            scb = my_scoreboard::type_id::create("scb",this);
18            i_fifo = new("i_fifo",this);
```

```
19              o_fifo = new("o_fifo",this);
20          endfunction
21      //connect phase:connect a pair of port with driver/monitor/scoreboard
and fifo
22      virtual function void connect_phase(uvm_phase phase);
23              super.connect_phase(phase);
24              drv.ap.connect(i_fifo.analysis_export);
25              scb.exp_port.connect(i_fifo.blocking_get_export);
26              mon.ap.connect(o_fifo.analysis_export);
27              scb.act_port.connect(o_fifo.blocking_get_export);
28          endfunction
29      //add to component list
30          `uvm_component_utils(my_env);
31  endclass
```

Env组件是UVM验证环境中Class部分的顶层，主要用来声明Driver组件、Monitor组件、Scoreboard组件等，以及它们之间的连接关系。代码中的第1行，通过语法extends继承父类uvm_env。第2～4行，分别定义了Driver组件、Monitor组件、Scoreboard组件。第6行和第7行，定义了2个FIFO：一个FIFO用于缓冲Driver组件和Scoreboard组件的Transaction传递，一个FIFO用于缓冲Monitor组件和Scoreboard组件的Transaction传递。第9～11行，定义new函数，函数主体中只是先创建它的父类。第13～20行，在build_phase中，通过create语法，分别创建Driver组件、Monitor组件、Scoreboard组件，然后通过new创建2个FIFO。第22～28行，connect_phase中定义各组件的连接关系。先执行父类的connect_phase，然后将Driver组件中的Port连接到i_fifo的输入Port（第24行），将Scoreboard组件中的一个Port连接到i_fifo的输出Port（第25行），这样相当于Driver组件和Scoreboard组件的Port通过i_fifo连接到一起了。将Monitor组件中的Port连接到o_fifo的输入Port（第26行），将Scoreboard组件中的另一个Port连接到o_fifo的输出Port（第27行），这样相当于Monitor组件和Scoreboard组件的Port通过o_fifo连接到一起了。因为Env组件是顶层，只声明组件和连接，所以没有main_phase。第30行，将该Env组件添加到组件列表中。

■ （8）顶层模块的代码实现

```
1   `timescale 1ns/1ps
2   `include "uvm_macros.svh"
3   import uvm_pkg::*;
4
5   `include "spi_if.sv"
6   `include "cbus_if.sv"
7   `include "my_transaction.sv"
8   `include "my_driver.sv"
9   `include "my_monitor.sv"
10  `include "my_scoreboard.sv"
11  `include "my_env.sv"
12
13  module tb_top;
```

```
14      reg  clk;
15      reg  rst_n;
16      //instance if
17      spi_if    i_if(clk,rst_n);
18      cbus_if   o_if(clk,rst_n);
19      //instance DUT
20      spiSlave spiSlave(
21          .clk   (clk  ),
22          .rst_n    (rst_n ),
23          .SCLK     (i_if.SCLK  ),
24          .MISO     (i_if.MISO  ),
25          .MOSI     (i_if.MOSI  ),
26          .CS   (i_if.CS  ),
27          .addr     (o_if.addr  ),
28          .wen (o_if.wen  ),
29          .ren (o_if.ren  ),
30          .wdata    (o_if.wdata  ),
31          .rdata    (o_if.rdata  )
32      );
33
34      //run env
35      initial begin
36          run_test("my_env");
37      end
38      //config if
39      initial begin
40          uvm_config_db#(virtual spi_if)::set(null,"uvm_test_top.drv","vif",
i_if);
41          uvm_config_db#(virtual cbus_if)::set(null,"uvm_test_top.mon","vif",
o_if);
42      end
43      //generate clk
44      initial begin
45          clk = 1'b0;
46          forever begin
47              #10 clk = ~clk;
48          end
49      end
50      //generate reset
51      initial begin
52          rst_n = 1'b0;
53          #1000;
54          rst_n = 1'b1;
55      end
56      endmodule
```

　　顶层模块（module类型）是整个UVM验证环境的顶层。在该顶层模块中，实例化被测电路DUT，实例化Interface接口，配置Interface接口的连接关系，生成系统时钟和系统复位信号，启动Env。代码中的第17行和第18行，实例化SPI接口的Interface和C-BUS接口的Interface。第20～32行，实例化被测电路DUT，并将DUT的端口信号和Interface信号做一一连接。第36行，通过run_test函数，启动Env，即启动Class部分的Driver组件、Monitor组件、Scoreboard组件等。第40行，通过set语法，将SPI接口Interface和Driver组件中的虚拟Interface做映射关联，所以在Driver组件中对虚拟Interface操作，实际上就是对顶层模块中的实例化的SPI接口Interface操作。第41行，通过set语法，将C-BUS接口Interface和Monitor组件中的虚拟Interface做映射关联，所以在Monitor组件中对虚拟Interface操作，实际上就是对顶层模块中的实例化的C-BUS接口Interface操作。第44～49行，生成50MHz的系统时钟。第51～55行，生成系统复位信号，先系统复位，1000ns后，解除系统复位。

通过Modelsim工具运行该UVM验证环境，脚本如下：

```
1    set  UVM_DPI_HOME   D:/modeltech64_10.4/uvm-1.1d/win64

2

3    if [file exists "work"] {vdel -all}

4

5    vlib work

6

7    vlog  -L mtiAvm -L mtiOvm -L mtiUvm -L mtiUPF  spiSlave.v  tb_top.sv

8

9    vsim -c -sv_lib $UVM_DPI_HOME/uvm_dpi   work.tb_top

10

11   run -all
```

Modelsim执行仿真后，"Transcript"窗口中打印显示了UVM仿真执行的结果报告，如图11-20所示，UVM_WARNING为0，UVM_ERROR为0，UVM_FATAL为0，表示仿真正常执行，所有数据的对比结果都正确。同时，从UVM打印的INFO信息可以看出生成的Transaction的值都是随机的，还可看到Scoreboard对比成功的信息等，这些信息都可以用于调试。

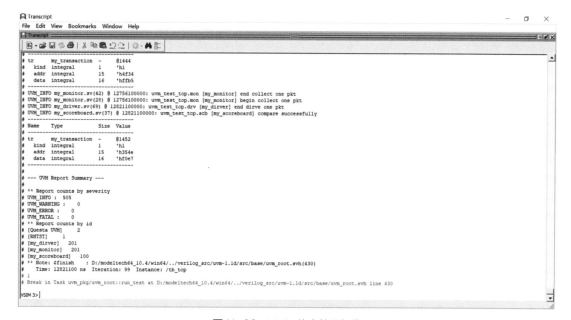

图11-20 UVM仿真结果报告

将SPI接口的Interface（i_if）和C-BUS接口的Interface（o_if）的信号加到"Wave"窗口中，可以查看生成的波形是否正确。如图11-21所示，SPI接口的4个信号线，C-BUS接口的地址、写数据、读数据、写使能、读使能的信号波形都正确。

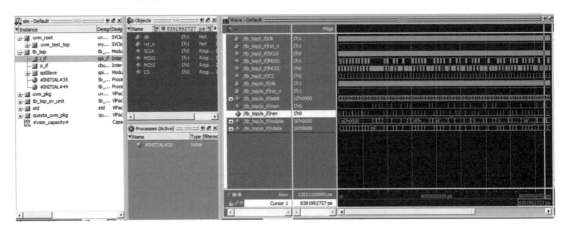

图11-21　Interface接口信号波形

第12章

综合项目实例

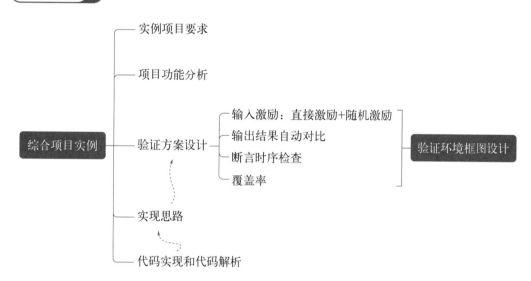

思维导图

实例项目要求

项目功能分析

综合项目实例 —— 验证方案设计
- 输入激励：直接激励+随机激励
- 输出结果自动对比
- 断言时序检查
- 覆盖率

验证环境框图设计

实现思路

代码实现和代码解析

12.1 UART 传输电路的功能验证项目

【实例要求】对一个UART（Universal Asynchronous Receiver Transmitter，通用异步收发器，俗称"串行通信"）数据转发电路编写验证环境进行功能验证。验证环境的要求如下：

① 输入激励包含直接激励+随机激励。

② 输出结果自动对比。

③ 通过断言对输出信号进行自动时序检查。

④ 收集代码覆盖率（行覆盖率+分支覆盖率），要求覆盖率达到100%。

UART数据转发电路的功能如下：

① UART串行接收数据，转换成并行数据输出，以及将接收的数据高低位逆序排列后，再通过UART串行发送数据输出。

② UART传输的波特率是9600bps。

③ UART传输数据位有8bit。

④ 具有奇偶校验功能：支持无奇偶校验、奇校验、偶校验。

UART传输电路的端口列表如表12-1所示。

表12-1 UART传输电路的端口列表

端口名称	位宽	方向	有效极性	功能说明
clk		input		系统时钟，50MHz
rst_n		input	低电平	系统复位
rs232_rx		input		串行数据输入
rs232_tx		output		串行数据输出
r_rx_en		input	高电平	串行接收允许。1:接收允许，0：禁止
r_tx_en		input	高电平	串行发送允许。1:发送允许，0：禁止
r_pari_mode	[1:0]	input		奇偶校验模式 2'b00:无校验；2'b01:奇校验；2'b10:偶校验
int_rx_finish		output	高脉冲	串行接收完成
int_tx_finish		output	高脉冲	串行发送完成
pari_err		output	高脉冲	奇偶校验错误
rx_data	[7:0]	output		接收的并行数据

UART数据转发电路的结构如图12-1所示。

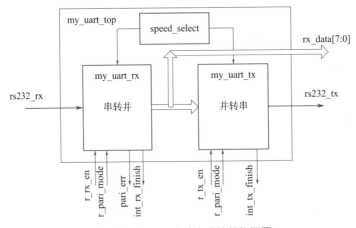

图12-1 UART传输电路的结构框图

UART数据转发电路包含UART发送器、发送器的波特率发生器、接收器、接收器的波特率发生器，共四个模块实现。包括四个文件：speed_select.v, my_uart_rx.v, my_uart_tx.v, my_uart_top.v。

my_uart_rx：完成数据的接收。

speed_rx：响应my_uart_rx发出的使能信号进行波特率计数，并返回采样使能信号给my_uart_rx。

my_uart_tx：在my_uart_rx接收到完整的8位数据后，将接收到的数据再通过串行的方式发送回来。

speed_tx：响应my_uart_tx发出的使能信号进行波特率计数，并返回采样使能信号给my_uart_tx。

UART数据转发电路的代码如下：

```
1    module uart_top(
2    clk,rst_n,
3    rs232_rx,rs232_tx,
4    r_tx_en,r_rx_en,r_pari_mode,
5    int_tx_finish,int_rx_finish,pari_err,rx_data
6    );
7    input clk;          //50MHz 主时钟
8    input rst_n;            // 低电平复位信号
9    input rs232_rx;             //RS232 接收数据信号
10   output rs232_tx;    //RS232 发送数据信号
11   input    r_tx_en;   //register tx enable
12   input    r_rx_en;   //register rx enable
13   input[1:0] r_pari_mode; //pariy mode. 00:non,01:old,10even
14   output   int_tx_finish; //interrupt tx finish
15   output   int_rx_finish; //interrupt rx finish
16   output   pari_err; //parity check error
17   output   [7:0] rx_data; //received parallel data 接收数据寄存器, 保存直至下一个数
据来到
18
19   wire bps_start1,bps_start2;// 接收到数据后, 波特率时钟启动信号置位
20   wire clk_bps1,clk_bps2; // clk_bps_r 高电平为接收数据位的中间采样点, 同时也作为发送
数据的数据改变点
21   wire[7:0] rx_data; // 接收数据寄存器, 保存直至下一个数据来到
22   wire[7:0] tx_data; // 接收数据寄存器, 保存直至下一个数据来到
23   wire rx_int;             // 接收数据中断信号, 接收到数据期间始终为高电平
24   //----------------------------------------------------
25   // 波特率选择模块
26   speed_select speed_rx(
27       .clk(clk),
28       .rst_n(rst_n),
29       .bps_start(bps_start1),
30       .clk_bps(clk_bps1)
31   );
32   // 接收数据模块
33   uart_rx uart_rx(
34       .clk(clk),
35       .rst_n(rst_n),
```

```
36          .rs232_rx(rs232_rx),
37          .rx_data(rx_data),
38          .rx_int(rx_int),
39          .clk_bps(clk_bps1),
40          .bps_start(bps_start1),
41          .r_rx_en(r_rx_en),
42          .r_pari_mode(r_pari_mode),
43          .int_rx_finish(int_rx_finish),
44          .pari_err(pari_err)
45      );
46      // 数据 bit 位交换
47      assign tx_data = {rx_data[0],rx_data[1],rx_data[2],rx_data[3],rx_data[4],rx_
data[5],rx_data[6],rx_data[7]};
48      // 波特率选择模块
49      speed_select speed_tx(
50          .clk(clk),
51          .rst_n(rst_n),
52          .bps_start(bps_start2),
53          .clk_bps(clk_bps2)
54      );
55      // 发送数据模块
56      uart_tx uart_tx(
57          .clk(clk),
58          .rst_n(rst_n),
59          .rx_data(tx_data),
60          .rx_int(rx_int),
61          .rs232_tx(rs232_tx),
62          .clk_bps(clk_bps2),
63          .bps_start(bps_start2),
64          .r_tx_en(r_tx_en),
65          .r_pari_mode(r_pari_mode),
66          .int_tx_finish(int_tx_finish)
67      );
68      endmodule
```

```
1       module speed_select(
2       clk,rst_n,
3       bps_start,clk_bps
4       );
5       input clk; // 50MHz 主时钟
6       input rst_n;      // 低电平复位信号
7       input bps_start;// 接收到数据后，波特率时钟启动信号置位
8       output clk_bps;      // clk_bps 的高电平为接收或者发送数据位的中间采样点
9       parameter bps9600          = 5207, // 波特率为 9600bps
10          bps19200      = 2603,    // 波特率为 19200bps
11          bps38400      = 1301,    // 波特率为 38400bps
12          bps57600      = 867,     // 波特率为 57600bps
13          bps115200     = 433;     // 波特率为 115200bps
```

```
14
15    parameter bps9600_2   = 2603,
16        bps19200_2   = 1301,
17        bps38400_2   = 650,
18        bps57600_2   = 433,
19        bps115200_2 = 216;
20    `define    BPS_PARA      bps9600
21    `define BPS_PARA_2       bps9600_2
22    reg[12:0] cnt;              // 分频计数
23    reg clk_bps_r;             // 波特率时钟寄存器
24    reg[2:0] uart_ctrl; // uart 波特率选择寄存器
25    //-------------------------------------------------------
26    always @ (posedge clk or negedge rst_n)begin
27        if(!rst_n) cnt <= 13'd0;
28        else if((cnt == `BPS_PARA) || !bps_start) cnt <= 13'd0;        // 波特率计数
清零
29        else cnt <= cnt+1'b1;                              // 波特率时钟计数启动
30    end
31    always @ (posedge clk or negedge rst_n)begin
32        if(!rst_n) clk_bps_r <= 1'b0;
33        else if(cnt == `BPS_PARA_2) clk_bps_r <= 1'b1;   // clk_bps_r 高电平为接
收数据位的中间采样点，同时也作为发送数据的数据改变点
34        else clk_bps_r <= 1'b0;
35    end
36    assign clk_bps = clk_bps_r;
37    endmodule
```

```
1     module uart_rx(
2     clk,rst_n,
3     rs232_rx,rx_data,rx_int,
4     clk_bps,bps_start,
5     r_rx_en,r_pari_mode,
6     int_rx_finish,pari_err
7     );
8     input clk; // 50MHz 主时钟
9     input rst_n;     // 低电平复位信号
10    input rs232_rx;    // RS232 接收数据信号
11    input clk_bps; // clk_bps 的高电平为接收或者发送数据位的中间采样点
12    output bps_start;// 接收到数据后，波特率时钟启动信号置位
13    output[7:0] rx_data;// 接收数据寄存器，保存直至下一个数据来到
14    output rx_int; // 接收数据中断信号，接收到数据期间始终为高电平
15    input    r_rx_en;  //register rx enable
16    input[1:0] r_pari_mode; //pariy mode. 00:non,01:old,10even
17    output   int_rx_finish; //interrupt rx finish
18    output   pari_err; //parity check error
19    //-------------------------------------------------------
20    reg rs232_rx0,rs232_rx1,rs232_rx2,rs232_rx3;// 接收数据寄存器，滤波用
21    wire neg_rs232_rx; // 表示数据线接收到下降沿
```

```
22
23    always @ (posedge clk or negedge rst_n) begin
24        if(!rst_n) begin
25              rs232_rx0 <= 1'b0;
26              rs232_rx1 <= 1'b0;
27              rs232_rx2 <= 1'b0;
28              rs232_rx3 <= 1'b0;
29        end
30        else begin
31              rs232_rx0 <= rs232_rx;
32              rs232_rx1 <= rs232_rx0;
33              rs232_rx2 <= rs232_rx1;
34              rs232_rx3 <= rs232_rx2;
35        end
36    end
37    assign neg_rs232_rx = rs232_rx3 & rs232_rx2 & ~rs232_rx1 & ~rs232_rx0;
// 接收到下降沿后 neg_rs232_rx 置高一个时钟周期
38    //----------------------------------------------------------------
39    reg bps_start_r;
40    reg[3:0] num; // 移位次数
41    reg rx_int;    // 接收数据中断信号，接收到数据期间始终为高电平
42    always @ (posedge clk or negedge rst_n)begin
43        if(!rst_n) begin
44              bps_start_r <= 1'bz;
45              rx_int <= 1'b0;
46        end
47        else if(neg_rs232_rx) begin        // 接收到串口接收线 rs232_rx 的下降沿标志信号
48              bps_start_r <= 1'b1;        // 启动串口准备数据接收
49              rx_int <= r_rx_en; // 接收数据中断信号使能
50        end
51        else if(num==4'd12) begin        // 接收完有用数据信息
52              bps_start_r <= 1'b0;        // 数据接收完毕，释放波特率启动信号
53              rx_int <= 1'b0;        // 接收数据中断信号关闭
54        end
55    end
56    assign bps_start = bps_start_r;
57    //----------------------------------------------------------------
58    reg[7:0] rx_data_r;            // 串口接收数据寄存器，保存直至下一个数据来到
59    //----------------------------------------------------------------
60    reg[7:0] rx_temp_data;    // 当前接收数据寄存器
61    reg pari_bit;
62    reg  pari_err;
63    always @ (posedge clk or negedge rst_n)begin
64        if(!rst_n) begin
65              rx_temp_data <= 8'd0;
66              num <= 4'd0;
67              rx_data_r <= 8'd0;
68              pari_bit <= 1'b0;
```

```
69              pari_err <= 1'b0;
70           end
71        else if(rx_int) begin// 接收数据处理
72              if(clk_bps) begin    // 读取并保存数据，接收数据为一个起始位，8bit 数据，
1 或 2 个结束位
73                  num <= num+1'b1;
74                  case (num)
75                      4'd1: rx_temp_data[0] <= rs232_rx;    // 锁存第 0bit
76                      4'd2: rx_temp_data[1] <= rs232_rx;    // 锁存第 1bit
77                      4'd3: rx_temp_data[2] <= rs232_rx;    // 锁存第 2bit
78                      4'd4: rx_temp_data[3] <= rs232_rx;    // 锁存第 3bit
79                      4'd5: rx_temp_data[4] <= rs232_rx;    // 锁存第 4bit
80                      4'd6: rx_temp_data[5] <= rs232_rx;    // 锁存第 5bit
81                      4'd7: rx_temp_data[6] <= rs232_rx;    // 锁存第 6bit
82                      4'd8: rx_temp_data[7] <= rs232_rx;    // 锁存第 7bit
83                      4'd9: pari_bit <= rs232_rx;    //parity bit, add by cong
84                      default: ;
85                  endcase
86              end
87              else if(num == 4'd11)begin
88                  if(r_pari_mode==2'b01)pari_err <= ~((^rx_temp_data)^pari_
bit==1'b1);
89                  else if(r_pari_mode==2'b10)pari_err <= ~((^rx_temp_data)
^pari_bit==1'b0);
90                  else pari_err <= 1'b0;
91              end
92              else if(num == 4'd12) begin // 标准接收模式下只有 1+8+1(2)=11bit 的有效
数据
93                  num <= 4'd0;              // 接收到 STOP 位后结束，num 清零
94                  rx_data_r <= rx_temp_data; // 把数据锁存到数据寄存器 rx_data 中
95                  pari_err <= 1'b0;
96              end
97           end
98       end
99     assign rx_data = rx_data_r;
100    assign    int_rx_finish = (num==4'd12);
101    endmodule
```

```
1     module uart_tx(
2     clk,rst_n,
3     rx_data,rx_int,rs232_tx,
4     clk_bps,bps_start,
5     r_tx_en,r_pari_mode,
6     int_tx_finish
7     );
8     input clk;        // 50MHz 主时钟
9     input rst_n;          // 低电平复位信号
```

```
10    input clk_bps;      // clk_bps_r 高电平为接收数据位的中间采样点，同时也作为发送数据的
数据改变点
11    input[7:0] rx_data;// 接收数据寄存器
12    input rx_int;       // 接收数据中断信号，接收到数据期间始终为高电平，在该模块中利用它的
下降沿来启动串口发送数据
13    output rs232_tx;    // RS232 发送数据信号
14    output bps_start;   // 接收或者要发送数据，波特率时钟启动信号置位
15    input    r_tx_en;           //register Tx enable
16    input[1:0] r_pari_mode; //pariy mode. 00:non,01:old,10even
17    output    int_tx_finish; //interrupt tx finish
18    //----------------------------------------------------------
19    reg rx_int0,rx_int1,rx_int2;    //rx_int 信号寄存器，捕捉下降沿滤波用
20    wire neg_rx_int;    // rx_int 下降沿标志位
21    always @ (posedge clk or negedge rst_n) begin
22        if(!rst_n) begin
23            rx_int0 <= 1'b0;
24            rx_int1 <= 1'b0;
25            rx_int2 <= 1'b0;
26        end
27        else begin
28            rx_int0 <= rx_int;
29            rx_int1 <= rx_int0;
30            rx_int2 <= rx_int1;
31        end
32    end
33    assign neg_rx_int =  ~rx_int1 & rx_int2;   // 捕捉到下降沿后，neg_rx_int 拉高保持
一个主时钟周期
34    //----------------------------------------------------------
35    reg[7:0] tx_data;   // 待发送数据的寄存器
36    //----------------------------------------------------------
37    reg bps_start_r;
38    reg tx_en;          // 发送数据使能信号，高有效
39    reg[3:0] num;
40    always @ (posedge clk or negedge rst_n) begin
41        if(!rst_n) begin
42            bps_start_r <= 1'bz;
43            tx_en <= 1'b0;
44            tx_data <= 8'd0;
45        end
46        else if(neg_rx_int) begin// 接收数据完毕，准备把接收到的数据发回去
47            bps_start_r <= 1'b1;
48            tx_data <= rx_data; // 把接收到的数据存入发送数据寄存器
49            tx_en <= r_tx_en;   // 进入发送数据状态中，modi by cong
50        end
51        else if(num==4'd11) begin      // 数据发送完成，复位
52            bps_start_r <= 1'b0;
53            tx_en <= 1'b0;
54        end
```

```
55          end
56      assign bps_start = bps_start_r;
57      //----------------------------------------------------------
58      reg rs232_tx_r;
59      always @ (posedge clk or negedge rst_n) begin
60          if(!rst_n) begin
61              num <= 4'd0;
62              rs232_tx_r <= 1'b1;
63          end
64          else if(tx_en) begin
65              if(clk_bps)begin
66                  num <= num+1'b1;
67                  case (num)
68                  4'd0: rs232_tx_r <= 1'b0;        // 发送起始位
69                  4'd1: rs232_tx_r <= tx_data[0];   // 发送bit0
70                  4'd2: rs232_tx_r <= tx_data[1];   // 发送bit1
71                  4'd3: rs232_tx_r <= tx_data[2];   // 发送bit2
72                  4'd4: rs232_tx_r <= tx_data[3];   // 发送bit3
73                  4'd5: rs232_tx_r <= tx_data[4];   // 发送bit4
74                  4'd6: rs232_tx_r <= tx_data[5];   // 发送bit5
75                  4'd7: rs232_tx_r <= tx_data[6];   // 发送bit6
76                  4'd8: rs232_tx_r <= tx_data[7];   // 发送bit7
77                  4'd9: if(r_pari_mode==2'b00)rs232_tx_r <= 1'b1; // 发送结束位
78                        else if(r_pari_mode==2'b01)rs232_tx_r <= ~(^tx_data);
//old parity
79                        else if(r_pari_mode==2'b10)rs232_tx_r <= (^tx_data);
//even parity
80                        else rs232_tx_r <= 1'b1;   // 发送结束位
81                  default: rs232_tx_r <= 1'b1;
82                  endcase
83              end
84              else if(num==4'd11) num <= 4'd0; // 复位
85          end
86      end
87      assign rs232_tx = rs232_tx_r;
88      assign int_tx_finish = (num==4'd11);
89      endmodule
```

【分析】通用异步收发器UART是广泛使用的串行数据通信电路。通常的UART串行通信的时序图如图12-2和图12-3所示：空闲的时候，串行数据线保持高电平，当开始一次数据传输的时候，首先会有一个低电平作为起始位，紧跟着的分别是bit0 ~ bit7，之后是一个停止位。

需要注意的是：串口通信中没有时钟信号，通信的双方首先协商好通信的波特率，这样就定义了每个bit数据的时间宽度T。比如波特率是9600bps，那么每个bit的时间宽度就是1/9600=104μs，常见的波特率有：115200bps、57600bps、38400bps、19200bps、9600bps。

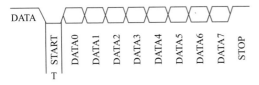

图12-2　无奇偶校验

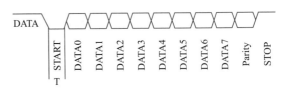

图12-3　有奇偶校验

被测电路的功能参数梳理如下。

① 系统时钟50MHz，波特率9600bps，数据位8位，奇偶校验1位（如果有奇偶校验功能），停止位1位。

② 输入的功能模式信号包括：

r_rx_en：串行数据接收允许。1：接收功能允许；0：禁止。

r_tx_en：串行数据发送允许。1：发送功能允许；0：禁止。

r_pari_mode：奇偶校验模式配置。2'b00：无奇偶校验；2'b 01：奇校验；2'b 10：偶校验。

③ 输入数据信号：

rs232_rx：串行数据输入。

【方案设计】

① 直接激励：根据Case抽取原则提取测试向量，提取的Case列表如表12-2所示。

表12-2　直接激励提取的Case列表

序号	验证功能点	测试向量描述
1	传输数据的数值	接收和发送使能：r_rx_en=1，r_tx_en=1 数据最小值、最大值、0/1渐变值： 8'h00,8'h01,8'hFE,8'hFF,8'h55,8'hAA
2	发送接收使能的组合	接收使能、发送禁止：r_rx_en=1，r_tx_en=0 传输数据8'h12
3		接收禁止、发送使能：r_rx_en=0，r_tx_en=1 传输数据8'h12
4		接收禁止、发送禁止：r_rx_en=0，r_tx_en=0 传输数据8'h12
5	奇校验	接收和发送使能：r_rx_en=1，r_tx_en=1 奇校验模式：r_pari_mode=2'b01 奇校验正确：传输数据8'h34，传输校验位1'b0
6		接收和发送使能：r_rx_en=1，r_tx_en=1 奇校验模式：r_pari_mode=2'b01 奇校验错误：传输数据8'h34，传输校验位1'b1
7	偶校验	接收和发送使能：r_rx_en=1，r_tx_en=1 偶校验模式：r_pari_mode=2'b10 偶校验正确：传输数据8'h34，传输校验位1'b1
8		接收和发送使能：r_rx_en=1，r_tx_en=1 偶校验模式：r_pari_mode=2'b10 偶校验错误：传输数据8'h34，传输校验位1'b0

② 随机激励：对数据信号、控制信号进行随机，设计各输入端口的随机激励式样。

a. 对于输入的串行数据信号（rs232_rx），虽然信号只有1bit，但实际上传输的数据是8bit，所以可以随机生成8bit数据，范围0～255。

b. 对于输入的功能模式信号（r_rx_en、r_tx_en、r_pari_mode[1:0]），因为这几个信号的保持时长至少需要满足1次UART传输时长，所以可以将这几个功能模式信号作为数据信号进行随机，这样对验证环境的实现更为简单。r_rx_en和r_tx_en的随机范围是0～1，r_pari_mode[1:0]的随机范围是0～2。

③ 结果自动对比：设计期待值模型Task，确定期待值模型Task的调用时刻。

a. 被测电路的输出数据有2个：一个是接收的并行数据输出信号（rx_data），另一个是发送的串行数据输出信号（rs232_tx）。并行数据输出信号rx_data和输入的串行数据相等，所以这个期待值Task比较简单。发送的串行数据输出信号（rs232_tx）和输入的串行数据的关系是，将数据的高低位逆序排列，所以可以按照这个逻辑关系写出它的期待值Task。

b. 当接收完成信号（int_rx_finish）有效时，并行数据（rx_data）输出，所以当int_rx_finish有效时，调用产生并行数据期待值的Task。当发送完成信号（int_tx_finish）有效时，表示串行数据发送输出结束，所以当int_tx_finish有效时，调用产生串行数据期待值的Task。

c. 实际发送和接收的都是8bit数据，但是串行传输时是按照bit逐次传输的，所以为了简化验证环境的设计，可以通过串-并转换Task来处理。

结果自动对比的框图设计如图12-4所示。

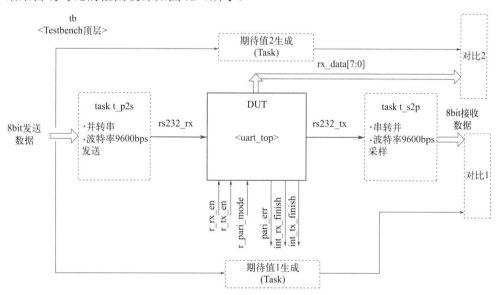

图12-4　结果自动对比的框图设计

④ 信号时序检查：根据断言的格式要求，提取输出信号的时序信息，如表12-3所示。

表12-3　时序信号关系表

序号	相关信号	时序关系描述
1	int_rx_finish	当接收使能（r_rx_en=1）并且接收到1帧串行数据时，接收完成信号（int_rx_finish）=1，维持1个时钟周期后，变为0
2	int_tx_finish	当接收和发送使能（r_rx_en=1&&r_tx_en=1）并且接收并发送1帧串行数据时，发送完成信号（int_tx_finish）=1，维持1个时钟周期后，变为0

序号	相关信号	时序关系描述
3	pari_err	当接收使能（r_rx_en=1），奇校验模式（r_pari_mode=2'b01或2'b10），并且接收到1帧串行数据中的奇偶校验位错误时，奇偶校验错误信号（pari_err）=1，维持1个时钟周期后，变为0

断言的实现思路：产生测试激励时，根据表中的时序关系描述，实际上可以预期到这3个信号是否会产生，所以为了简化验证环境的设计，可以在产生测试激励时，同时生成期待值信号，然后使用期待值信号和实际输出信号做断言检查。

⑤ 代码覆盖率：在Modelsim的运行脚本中加上代码覆盖率选项，收集行覆盖率（语句覆盖率）和分支覆盖率。

【实现思路】

① 直接激励测试时，将所有的直接激励写到一个initial块中，按照Case列表，依次产生测试向量。将串行数据的产生做成一个Task，每次产生测试向量后调用这个并行转串行的Task，产生串行传输。另外，需要一次串行传输完成以后，才可以再输入下一次的激励，即：如果接收使能和发送使能都有效，可以等到串行传输完成信号有效再输入下一次的激励；如果使能无效，需要等到一帧UART传输时间（即十几个bit周期）后，再输入下一次的激励。

② 随机激励测试时，单独写到一个initial块中，这样代码结构更加清晰。但是直接激励和随机激励不可以同时运行。所以可以通过一个event事件触发，使直接激励完成后，再开始随机激励的测试。随机激励时，模式信号r_rx_en、r_tx_en、r_pari_mode和传输数据都可以作为数据信号来约束随机条件。和直接激励测试一样，也需要一次串行传输完成以后，才可以再输入下一次的激励。另外，为了提高测试效率，接收使能和发送使能都有效的情况应该多生成一些（例如：1000次），使能无效的情况可以少生成一些（例如：100次）。

③ 对于结果自动对比，被测电路有2路数据输出（一路是并行数据输出，一路是串行数据输出）。为了简化验证环境，测试激励数据的生成，以及用于结果自动对比的数据收集，都使用并行数据，通过并行转串行Task和串行转并行Task完成串行数据的处理。所以，验证环境中构造4个Task：

a. 并行转串行Task：将测试激励数据（并行数据）按照UART协议转换成串行数据，输入到被测电路。

b. 串行转并行Task：将被测电路的串行数据输出按照UART协议转换成并行数据，用于结果自动对比。

c. 并行数据输出的期待值模型Task：用于产生并行数据输出的期待值，期待值实际就等于测试激励数据（生成的并行数据）。

d. 串行数据输出的期待值模型Task：用于产生串行数据输出的期待值，串行输出数据和串行输入数据的关系是高低位颠倒，所以期待值等于测试激励数据（生成的并行数据）高低位颠倒排序。

④ 对于断言时序检查，如时序信号关系表，被测电路有3个信号需要检查时序。编程实现时，通过SVA语言中的property语法定义时序关系，通过assert让定义的property时序检查生效。另外，因为断言使用的是SVA语言语法，所以在Modelsim的运行脚本中需要加上命

令选项才能正常执行。在编译命令vlog中加上-sv选项，在仿真命令vsim中加上-assertdebug选项。

　　a. int_rx_finish输出信号的时序检查：该信号表示接收完成，可以在并行转串行Task中生成一个内部信号，当接收使能有效，并且转换成串行数据后，该内部信号有效。使用该内部信号与int_rx_finish输出信号做断言检查。使用#[m:n]语法来定义两个信号的间隔时间范围，可以设定大一些的时间范围，这样断言会更灵活。

　　b. int_tx_finish输出信号的时序检查：该信号表示发送完成，可以在并行转串行Task中生成一个内部信号，当接收使能和发送使能都有效，并且转换成串行数据后，该内部信号有效。使用该内部信号与int_tx_finish输出信号做断言检查。同样，使用#[m:n]语法来定义两个信号的间隔时间范围。

　　c. pari_err输出信号的时序检查：该信号表示奇偶校验错误标志，可以在产生激励传输数据之前，生成一个内部信号，当接收使能有效，并且转换成串行数据后，该内部信号有效。使用该内部信号与pari_err输出信号做断言检查。同样，使用#[m:n]语法来定义两个信号的间隔时间范围。

　　⑤ 对于代码覆盖率，在Modelsim脚本中加上命令选项即可。编译命令vlog中添加"-cover sb"选项，收集行覆盖率（语句覆盖率）和分支覆盖率，在仿真命令vsim中添加"-coverage"选项。

```
1    `timescale    1ns/1ns
2    module tb;
3    parameter CYCLE = 20;//20ns
4    parameter BIT_CYCLE = 104000;//104us,9600bps
5    reg   clk;
6    reg   rst_n;
7    reg   rs232_rx;
8    wire     rs232_tx;
9    reg   r_rx_en;  //register rx enable
10   reg   r_tx_en;  //register tx enable
11   reg [1:0] r_pari_mode; //pariy mode. 00:non,01:old,10even
12   wire int_rx_finish;  //interrupt rx finish
13   wire int_tx_finish;  //interrupt tx finish
14   wire pari_err;  //parity check error
15   wire [7:0] rx_data;
16   integer i;
17   integer err_num;
18   reg [7:0] idata;
19   reg [7:0] exp_rx_data;
20   reg [7:0] sdata;
21   reg [7:0] exp_sdata;
22   event     evt_rand;
23   reg   rx_flag;
24   reg   tx_flag;
25   reg   pari_flag;
26   //RTL instance
27   uart_top uart_top(
```

```verilog
28          .clk        (clk),
29          .rst_n              (rst_n),
30          .rs232_rx (rs232_rx),
31          .rs232_tx (rs232_tx),
32          .r_rx_en  (r_rx_en ),
33          .r_tx_en  (r_tx_en ),
34          .r_pari_mode    (r_pari_mode ),
35          .int_rx_finish (int_rx_finish ),
36          .int_tx_finish (int_tx_finish ),
37          .pari_err (pari_err ),
38          .rx_data  (rx_data  )
39      );
40      //generate clk
41      initial begin
42          clk = 0;
43          forever begin
44              #(CYCLE/2);
45              clk = 1;
46              #(CYCLE/2);
47              clk = 0;
48          end
49      end
50      //generate reset
51      initial begin
52          rst_n = 0;
53          #(3*CYCLE);
54          rst_n = 1;
55      end
56      //generate direct input
57      initial begin
58          rx_flag = 0;
59          tx_flag = 0;
60          pari_flag = 0;
61          rs232_rx = 1;
62          r_tx_en = 0;
63          r_rx_en = 0;
64          r_pari_mode = 2'b00;
65          err_num = 0;
66          #(5*CYCLE);
67      //No1
68          r_rx_en = 1;
69          r_tx_en = 1;
70          idata       = 8'h00;
71          t_p2s(idata,r_pari_mode);
72          wait(int_tx_finish);
73          #(2*CYCLE);
74          idata       = 8'h01;
75          t_p2s(idata,r_pari_mode);
```

```
76          wait(int_tx_finish);
77          #(2*CYCLE);
78          idata    = 8'hFE;
79          t_p2s(idata,r_pari_mode);
80          wait(int_tx_finish);
81          #(2*CYCLE);
82          idata    = 8'hFF;
83          t_p2s(idata,r_pari_mode);
84          wait(int_tx_finish);
85          #(2*CYCLE);
86          idata    = 8'h55;
87          t_p2s(idata,r_pari_mode);
88          wait(int_tx_finish);
89          #(2*CYCLE);
90          idata    = 8'hAA;
91          t_p2s(idata,r_pari_mode);
92          wait(int_tx_finish);
93          #(2*CYCLE);
94  //No2
95          r_rx_en = 1;
96          r_tx_en = 0;
97          idata    = 8'h12;
98          t_p2s(idata,r_pari_mode);
99          #(14*BIT_CYCLE);
100 //No3
101          r_rx_en = 0;
102          r_tx_en = 1;
103          idata    = 8'h12;
104          t_p2s(idata,r_pari_mode);
105          #(14*BIT_CYCLE);
106 //No4
107          r_rx_en = 0;
108          r_tx_en = 0;
109          idata    = 8'h12;
110          t_p2s(idata,r_pari_mode);
111          #(14*BIT_CYCLE);
112 //No5
113          r_rx_en = 1;
114          r_tx_en = 1;
115          r_pari_mode = 2'b01;
116          idata    = 8'h34;
117          t_p2s(idata,r_pari_mode);
118          wait(int_tx_finish);
119          #(2*CYCLE);
120 //No6
121          r_pari_mode = 2'b01;
122          idata    = 8'h34;
123          pari_flag = 1;
```

```
124         #(2*CYCLE);
125         pari_flag = 0;
126         t_p2s(idata,~r_pari_mode);
127         wait(int_tx_finish);
128         #(2*CYCLE);
129     //No7
130         r_pari_mode = 2'b10;
131         idata    = 8'h34;
132         t_p2s(idata,r_pari_mode);
133         wait(int_tx_finish);
134         #(2*CYCLE);
135     //No8
136         r_pari_mode = 2'b10;
137         idata    = 8'h34;
138         pari_flag = 1;
139         #(2*CYCLE);
140         pari_flag = 0;
141         t_p2s(idata,~r_pari_mode);
142         wait(int_tx_finish);
143         #(2*CYCLE);
144         ->evt_rand;
145     end
146     //generate random input
147     initial  begin
148         @evt_rand;
149         r_rx_en = 1;
150         r_tx_en = 1;
151         for(i=0; i<100; i=i+1)begin
152             r_pari_mode = {$random}%3;
153             idata    = {$random}%256;
154             t_p2s(idata,r_pari_mode);
155             wait(int_tx_finish);
156             #(2*CYCLE);
157         end
158         for(i=0; i<100; i=i+1)begin
159             r_rx_en = {$random}%2;
160             r_tx_en = {$random}%2;
161             r_pari_mode = {$random}%3;
162             idata    = {$random}%256;
163             t_p2s(idata,r_pari_mode);
164             #(14*BIT_CYCLE);
165         end
166         #(100*CYCLE);
167         $display("check error numbers are %d",err_num);
168         $display($time,"sim end!!!");
169         $finish;
170     end
171     //auto compare for pdata
```

```
172    initial begin
173        #(5*CYCLE);
174        forever begin
175            @int_rx_finish;
176            #(CYCLE);
177            #1;
178            t_pdata(idata,exp_rx_data);
179            if(rx_data!==exp_rx_data)begin
180                $display($time,"NG: rx_data=%h,exp_rx_data=%h,rx_en=%b,tx_en=
%b,pari_mode=%h",
181                    rx_data,exp_rx_data,r_rx_en,r_tx_en,r_pari_mode);
182                err_num = err_num+1;
183            end
184            else
185                $display($time,"OK: rx_data=%h,exp_rx_data=%h,rx_en=%b,tx_en=
%b,pari_mode=%h",
186                    rx_data,exp_rx_data,r_rx_en,r_tx_en,r_pari_mode);
187        end
188    end
189    //auto compare for sdata
190    initial begin
191        #(5*CYCLE);
192        forever begin
193            t_s2p(sdata);
194        end
195    end
196    initial begin
197        #(5*CYCLE);
198        forever begin
199            @int_tx_finish;
200            #(CYCLE);
201            #1;
202            t_sdata(idata,exp_sdata);
203            if(sdata!==exp_sdata)begin
204                $display($time,"NG: sdata=%h,exp_sdata=%h,rx_en=%b,tx_en=
%b,pari_mode=%h",
205                    sdata,exp_sdata,r_rx_en,r_tx_en,r_pari_mode);
206                err_num = err_num+1;
207            end
208            else
209                $display($time,"OK: sdata=%h,exp_sdata=%h,rx_en=%b,tx_en=
%b,pari_mode=%h",
210                    sdata,exp_sdata,r_rx_en,r_tx_en,r_pari_mode);
211        end
212    end
213    //data task
214    task t_p2s;
215        input    [7:0] data;
```

```verilog
216        input      [1:0] pari_mode;
217        integer i;
218    begin
219        rs232_rx = 1'b0;
220        #(BIT_CYCLE);
221        for(i=0; i<8; i=i+1)begin
222            rs232_rx = data[i];
223            #(BIT_CYCLE);
224        end
225        if(pari_mode==2'b01)begin        // 奇校验计算
226            rs232_rx = ~(^data);
227            #(BIT_CYCLE);
228        end
229        else if(pari_mode==2'b10)begin // 偶校验计算
230            rs232_rx = (^data);
231            #(BIT_CYCLE);
232        end
233        rs232_rx = 1'b1;
234        #(BIT_CYCLE);
235        if(r_rx_en)rx_flag = 1;
236        if(r_rx_en&&r_tx_en)tx_flag = 1;
237        #(2*CYCLE);
238        rx_flag = 0;
239        tx_flag = 0;
240    end
241    endtask
242    task t_s2p;
243        output    [7:0] data;
244        integer i;
245    begin
246        //wait(rs232_tx == 1'b0);
247        @(negedge rs232_tx);
248        #(BIT_CYCLE/2);
249        if(rs232_tx == 0)
250        begin
251            #(BIT_CYCLE);
252            for(i=0; i<8; i=i+1)begin
253                data[i] = rs232_tx;
254                #(BIT_CYCLE);
255            end
256
257        end
258    end
259    endtask
260    //reference model
261    task t_pdata;
262        input     [7:0] idata;
263        output    [7:0] odata;
```

```
264    begin
265        odata = idata;
266    end
267    endtask
268    task t_sdata;
269        input   [7:0] idata;
270        output  [7:0] odata;
271    begin
272        odata = {idata[0],idata[1],idata[2],idata[3],idata[4],idata[5],idata[6],
idata[7]};
273    end
274    endtask
275    //assertion check
276    property p_rx;
277        @(posedge clk) $rose(rx_flag) |-> ##[2000:9000] $rose(int_rx_finish)
##1 ~int_rx_finish;
278    endproperty
279    assert property(p_rx);
280    property p_tx;
281        @(posedge clk) $rose(tx_flag) |-> ##[50000:70000] $rose(int_tx_finish)
##1 ~int_tx_finish;
282    endproperty
283    assert property(p_tx);
284    property p_pari;
285        @(posedge clk) $rose(pari_flag) |-> ##[50000:60000] $rose(pari_err);
286    endproperty
287    assert property(p_pari);
288    endmodule
```

Testbench 中的第 57 ～ 145 行，产生直接激励数据，按照 Case 列表中的序号 1 ～序号 8 的情况，生成相应的测试向量，然后调用并行转串行 Task（t_p2s），变成串行数据信号输入给被测电路，等待 int_tx_finish 发送完成信号有效，再进行下一次传输。其中序号 6 和序号 8，因为要测试奇偶校验错误的情况，所以会提前生成内部信号 pari_flag 的脉冲信号（如第 123 ～ 125 行），用于断言时序检查。第 144 行，通过语法"->evt_rand"触发一个事件，表示直接激励结束，可以进行后续的随机激励，这样可以避免直接激励和随机激励同时施加给被测电路，造成冲突。

Testbench 中的第 147 ～ 170 行，产生随机激励数据。其中，第 148 行，通过语法"@evt_rand"等待事件触发后，才开始随机激励测试。第 149 ～ 157 行，在接收使能和发送使能都有效的情况下，对奇偶校验信号（r_pari_mode）在 0 ～ 2 范围内进行随机，对传输数据在 0 ～ 255 范围内进行随机，通过循环产生 1000 次测试。第 158 ～ 165 行，对包括接收使能和发送使能在内的所有输入数据信号进行随机，通过循环产生 100 次测试。

Testbench 中的第 172 ～ 188 行，对并行数据输出进行结果自动对比。第 173 行，等待接收完成信号有效（int_rx_finish），此时再经过 1 个时钟周期并行数据输出。第 178 行，调用并行数据期待值模型 Task(t_pdata)，产生并行数据期待值 exp_rx_data。第 179 行，将被测电路的实际输出并行数据（rx_data）和期待值（exp_rx_data）进行对比，打印显示对比结果"OK/NG"。

Testbench中的第190～195行，调用串行转并行Task（t_s2p），将被测电路发送串行数据转换成并行数据sdata，用于后续的串行数据结果自动对比。

Testbench中的第196～212行，对串行数据输出进行结果自动对比。第199行，等待发送完成信号有效（int_tx_finish），此时被测电路的串行数据输出完成，并且被串行转并行Task（t_s2p）转换成了并行数据sdata。第202行，调用串行数据期待值模型Task(t_sdata),产生串行数据期待值exp_sdata。第203行，将被测电路的实际输出串行数据（已经转换成了并行数据sdata）和期待值（exp_sdata）进行对比，打印显示对比结果"OK/NG"。

Testbench中的第214～241行，是并行数据转换串行数据的Task。根据UART协议，先给串行数据信号rs232_rx赋值0，发送START位，再通过for循环将并行数据data的bit0至bit7依次赋值给串行数据信号rs232_rx，然后根据奇偶校验模式pari_mode，算出奇偶校验位，赋值给串行数据信号rs232_rx，最后给串行数据信号rs232_rx赋值1，发送STOP位。同时，为了断言检查，在这里产生内部信号rx_flag和tx_flag的脉冲信号。

Testbench中的第242～259行，是串行数据转换并行数据的Task。根据UART协议，先等待串行数据信号rs232_tx变成低电平，表示检测到START位，等待半个bit周期，判断串行数据信号rs232_tx是否依然为低电平，如果低电平的话，表示接收到START位，然后通过for循环将串行数据信号rs232_tx的各个bit依次保存到并行数据data的bit0到bit7。

Testbench中的第261～267行，是并行数据输出的期待值模型Task。根据被测电路的功能描述，期待值数据就等于输入的数据。

Testbench中的第268～274行，是串行数据输出的期待值模型Task。根据被测电路的功能描述，期待值数据就等于输入数据的高低位颠倒。

Testbench中的第276～279行，通过断言检查接收完成信号int_rx_finish的正确性。通过property语法定义需要检查的时序，断言的条件是内部信号rx_flag的上升沿。当条件成立以后，断言经过一定的时间（根据调试定义了一个时间范围），接收完成信号int_rx_finish的上升沿有效，并且再过1个时钟周期变为低电平，即接收完成信号int_rx_finish的高脉冲。第279行，通过assert语法实例化property，让该断言生效。

Testbench中的第280～282行，通过断言检查发送完成信号int_tx_finish的正确性，和接收完成信号int_rx_finish的断言检查相似。通过property语法定义需要检查的时序，断言的条件是内部信号tx_flag的上升沿。当条件成立以后，断言经过一定的时间（根据调试定义了一个时间范围），发送完成信号int_tx_finish的上升沿有效，并且再过1个时钟周期变为低电平，即发送完成信号int_tx_finish的高脉冲。然后，通过assert语法实例化property，让该断言生效。

Testbench中的第283～287行，通过断言检查发送完成信号pari_err的正确性，和接收完成信号int_rx_finish的断言检查相似。通过property语法定义需要检查的时序，断言的条件是内部信号pari_flag的上升沿。当条件成立以后，断言经过一定的时间（根据调试定义了一个时间范围），奇偶校验检查错误信号pari_err的上升沿有效。然后，通过assert语法实例化property，让该断言生效。

Modelsim脚本文件如下：

```
1    ##################        ModelSim TCL        ##########################
2
```

```
3     set  TB_DIR  ../sim
4     set  VL_DIR  ../verilog
5
6     ##### Create the Project/Lib #####
7
8     #vlib work
9
10    # map the library
11
12    #vmap work work
13
14    ##### Compile the verilog #####
15
16    vlog -sv  -cover sb \
17         ${TB_DIR}/tb.v \
18         ${VL_DIR}/uart_top.v   \
19         ${VL_DIR}/speed_select.v \
20         ${VL_DIR}/uart_rx.v \
21         ${VL_DIR}/uart_tx.v
22
23
24    ##### Start Simulation #####
25
26    vsim -coverage -assertdebug -novopt work.tb
27
28    #add wave -binary clk rst
29    add wave *
30    view wave
31    view assertions
32
33    #add wave -unsigned random c_count
34
35    run -all
36
37    ##### Quit the Simulation #####
38
39    # quit -sim
```

脚本文件中的第16行，编译命令vlog的后面加上了"-sv"选项，是因为断言检查使用SVA语言，属于SystemVerilog语法。同时加上了"-cover sb"选项，用来收集行覆盖率（Stmts）和分支覆盖率（Branches）。第26行，仿真命令vsim中增加了"-coverage"选项，用来运行代码覆盖率，生成代码覆盖率报告。同时加上了"-assertdebug"选项，用来运行断言检查。第31行，查看断言检查结果报告。

Modelsim仿真结果如图12-5所示，"Transcript"窗口中打印显示了所有数据的对比情况，结果都是"OK"，最终的失败次数统计也是"0"，表示结果自动对比正确。另外，打印信息中Log信息没有报出断言检查出错的信息。

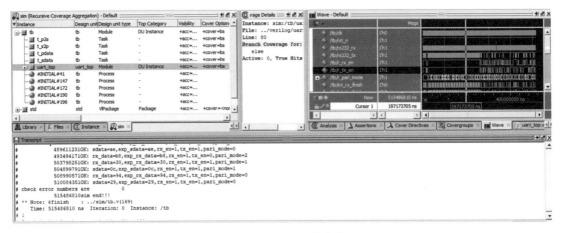

图12-5　Modelsim仿真结果

通过"sim"窗口可以查看断言检查（Assertion）的结果报告和断言覆盖率，如图12-6所示。可以看出断言检查正确率100%，断言覆盖率是97.6%。

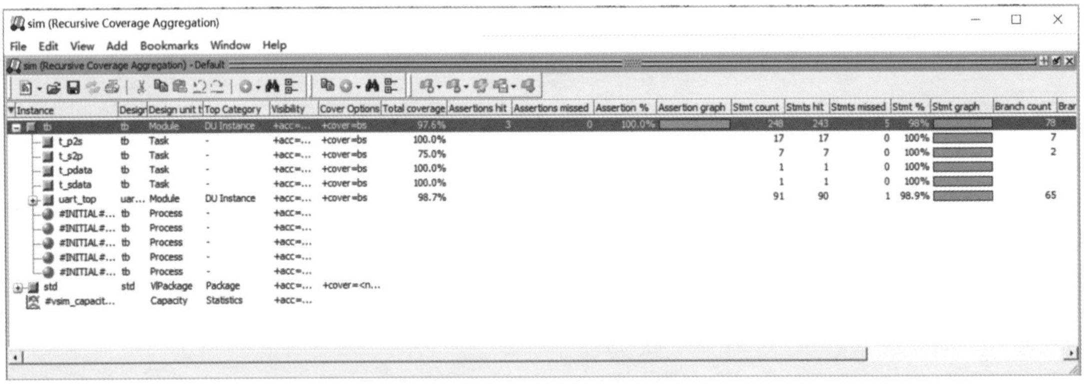

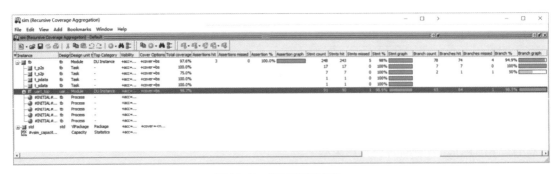

图12-6　断言结果报告

通过"sim"窗口可以查看总体代码覆盖率报告，如图12-7所示，被测电路uart_top总的代码覆盖率是98.7%。行覆盖率达到98.9%，共有91行，覆盖到了90行，有1行没覆盖到。分支覆盖率达到98.5%，共有65个分支，覆盖到了64个分支，有1个分支没覆盖到。

图12-7　代码覆盖率报告

接下来需要确认没覆盖到的地方，如图12-8所示。子模块uart_tx的代码覆盖率没有达到100%，其他子模块的代码覆盖率都是100%。因此，需要查看子模块uart_tx的行覆盖率和分支覆盖率的情况。

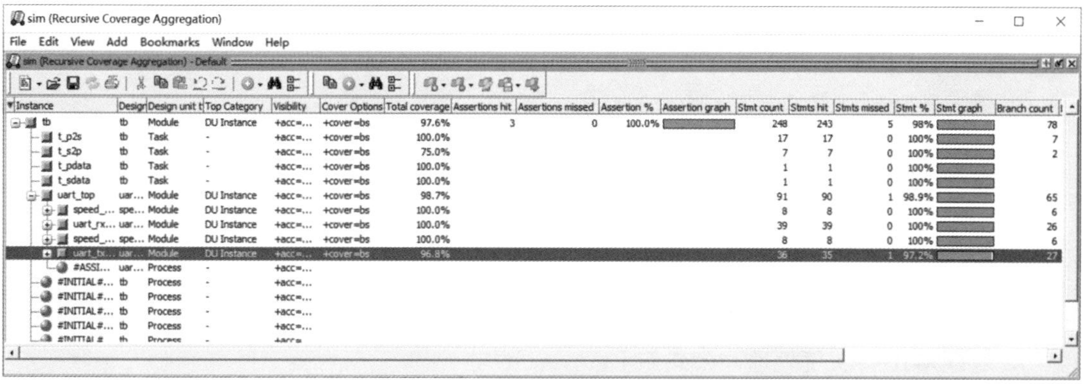

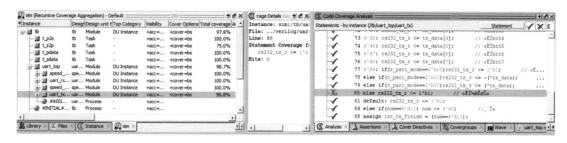

图12-8　子模块的代码覆盖率报告

通过"Analysis"窗口可以看到行覆盖率的情况，如图12-9所示。可以找到代码的第80行没有被覆盖到。经过代码分析，这是奇偶校验模式选择（r_pari_mode）的几个条件分支的处理，因为电路功能描述中，r_pari_mode只有取值0、1、2这3种情况，这3种情况在第77、78、79行已经罗列了，所以第80行的情况没有被执行到。这行代码可以认为是冗余代码，没覆盖到也没有问题。当然，也可以加一个r_pari_mode为3的测试激励，使覆盖率达到100%。

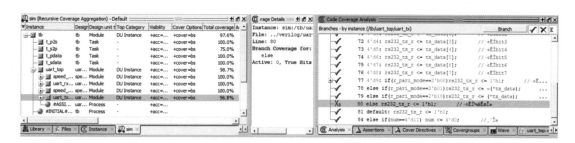

图12-9　行覆盖率情况

通过"Analysis"窗口也可以看到分支覆盖率的情况，如图12-10所示。同样，也可以找到分支覆盖率没有被覆盖到的地方也是代码的第80行。如同代码覆盖率的分析一样，这行代码可以认为是冗余代码，没覆盖到也没有问题。

图12-10　分支覆盖率情况

12.2 图像JPEG编码DCT模块的功能验证项目

【实例要求】对一个用于图像JPEG编码的DCT变换模块，编写验证环境进行功能验证。验证环境的要求如下：

① 输入激励包含直接激励+随机激励。

② 输出结果自动对比。

③ 通过断言对输出信号进行自动时序检查。

④ 收集代码覆盖率（行覆盖率+分支覆盖率），要求覆盖率达到100%。

DCT变换模块的功能如下：

① 输入图像尺寸320×320，像素数据的格式是RGB565。

② 进行RGB转灰度处理。公式如下：

$$Y = 0.299R + 0.587G + 0.114B - 128 \tag{12-1}$$

③ 乒乓操作，实现流水线处理。

④ 2维DCT变换运算。

1维DCT变换公式如下：

$$\begin{bmatrix} F(0) \\ F(1) \\ F(2) \\ F(3) \\ F(4) \\ F(5) \\ F(6) \\ F(7) \end{bmatrix} = \begin{bmatrix} 0.35356 & 0.35356 & 0.35356 & 0.35356 & 3.35356 & 0.35356 & 0.35356 & 0.35356 \\ 0.49039 & 0.41573 & 0.27779 & 0.09755 & -0.09755 & -0.27779 & -0.41573 & -0.49039 \\ 0.46194 & 0.19134 & -0.19134 & -0.46194 & -0.46194 & -0.19134 & 0.19134 & 0.46194 \\ 0.41573 & -0.09755 & -0.49039 & -0.27779 & 0.27779 & 0.49039 & 0.09755 & -0.41573 \\ 0.35356 & -0.35356 & -0.35356 & 0.35356 & 0.35356 & -0.35356 & -0.35356 & 0.35356 \\ 0.27779 & -0.49039 & 0.09755 & 0.41573 & -0.41573 & -0.09755 & 0.49039 & -0.27779 \\ 0.19134 & -0.46194 & 0.46194 & -0.19134 & -0.19134 & 0.46194 & -0.46194 & 0.19134 \\ 0.09755 & -0.27779 & 0.41573 & -0.49039 & 0.49039 & -0.41573 & 0.27779 & -0.09755 \end{bmatrix} \begin{bmatrix} f(0) \\ f(1) \\ f(2) \\ f(3) \\ f(4) \\ f(5) \\ f(6) \\ f(7) \end{bmatrix} \tag{12-2}$$

即可以表示为：

$$\boldsymbol{F} = \boldsymbol{A}[f(x)] \tag{12-3}$$

式中，$\boldsymbol{F}$ 为变换后数据；$f(x)$ 为原时域数据；$\boldsymbol{A}$ 为一个常量矩阵。

2维DCT变换，可分解为2次1维DCT变换，即：

$$\boldsymbol{F} = \boldsymbol{A}[f(x, y)]\boldsymbol{A}^{\mathrm{T}} \tag{12-4}$$

DCT变换模块的端口列表如表12-4所示。

表12-4 DCT变换模块的端口列表

端口名称	位宽	方向	有效极性	功能说明
clk		input		系统时钟
rst_n		input	低电平	系统复位
en		input	高电平	输入图像数据有效
in	[15:0]	input		输入图像数据（RGB565格式）
dct_en		output	高电平	输出DCT编码数据有效
dct_data	[11:0]	output		输出DCT编码数据（有符号数）

DCT变换模块的电路结构如图12-11所示。

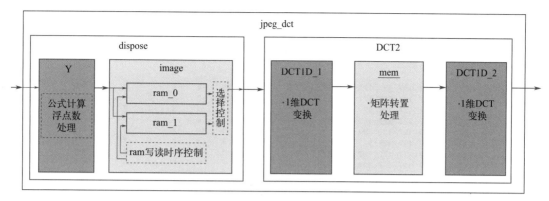

图12-11　DCT变换模块的电路结构

DCT变换模块的框图（图12-11）中，各个子模块的功能概述如下：

① Y子模块进行RGB转灰度的处理，生成8位有符号数的灰度值。

② image模块通过RAM存储进行乒乓操作。

③ DCT1D模块实现1维DCT变换，每次处理8×8尺寸的图像。

④ mem模块实现8×8尺寸数据的矩阵转置。这样第1次的1维DCT变换实现行变换，第2次的DCT变换实现列变换。

顶层代码如下：

```
1    module jpeg_dct(clk,rst_n,en,in,dct_data,dct_en);
2    input clk,rst_n,en;
3    input [15:0]in;   // RGB565 R=in[4:0];G=in[10:5];B=in[15:11];
4    output[11:0]dct_data;
5    output dct_en;
6    wire[7:0]dispose_data;
7    wire dct_en,dispose_en;
8    dispose dispose(
9        .clk(clk),
10       .rst_n(rst_n),
11       .in(in),
12       .en_in(en),
13       .ou(dispose_data),
14       .en_out(dispose_en)
15   );
16   DCT2 DCT2(
17       .clk(clk),
18       .rst_n(rst_n),
19       .in_data(dispose_data),
20       .en_in(dispose_en),
21       .DCT_data2(dct_data),
22       .DCT_en2(dct_en),
23       .locked_sig(1'b1)
24   );
25   endmodule
```

【分析】离散余弦变换（DCT），经常使用在信号处理和图像处理中，用于对信号和图像进行有损数据压缩。具有很强的"能量集中"特性，让图像的信息块转换成代表不同频率分量的系数集，能量（低频部分）集中在左上角，其余高频分布于右下角。处理效果如图12-12所示。

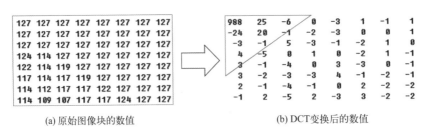

(a) 原始图像块的数值　　　　　　　　(b) DCT变换后的数值

图12-12　2维DCT变换处理效果图

被测电路是一个图像处理模块，包含RGB转灰度的图像处理算法，以及8×8矩阵的2维DCT变换的图像处理算法，算法公式中包含定点小数运算，算法比较复杂。被测电路的接口信号比较简单，包含：输入图像有效信号en，可以连续输入有效，一幅图像需要输入320×320个像素数据；输入图像数据in[15:0]，像素数据格式是RGB565，即Red分量5bit，Green分量6bit，Blue分量5bit；输出数据有效信号dct_en，该信号高电平时，表示输出DCT变换结果数据；输出DCT变换结果数据信号dct_data[11:0]，是有符号数。

【方案设计】

① 直接激励：可以输入一幅图像，将DCT变换后的数据打印输出到文件中，以评估算法的合理性。

② 随机激励：对数据信号、控制信号进行随机，设计各输入端口的随机激励式样。

a. 对于输入图像数据信号（in），16bit数据，范围0 ~ 65535。

b. 对于输入图像有效信号（en），可以随机有效间隔，但是总有效周期数为320×320。

③ 结果自动对比：设计期待值模型Task，确定期待值模型Task的调用时刻。

因为DCT变换是以8×8的图像块进行矩阵运算，得到8×8的图像数据结果，所以结果自动对比时可以以8×8图像块为单位，进行对比，或者也可以等整个320×320图像都处理完后，再进行对比。所以，可以先将一幅320×320的图像数据保存到数组中，将数组的数据发送给被测电路，进行DCT变换运算，得到DCT变换结果数据并保存到实际值的数组中。同时将数组输入到期待值模型Task，生成DCT变换的期待值，保存到期待值的数组中。最后将实际值数组和期待值数组的数据进行一一对比，打印输出"OK/NG"比对结果信息。另外，将实际值按照2维DCT变换的输出格式打印输出到一个文件中，可以用来判断评估DCT算法的合理性。

结果自动对比的框图设计如图12-13所示。

④ 信号时序检查：被测电路的DCT变换输出有效信号（dct_en）属于控制信号，需要通过断言对其进行时序检查。dct_en信号的时序信息如表12-5所示。

表12-5　dct_en信号的时序信号关系表

信号	时序关系描述
dct_en	当接收到一幅图像数据（320×320个有效输入）后，经过一段时间（DCT变换运算时间）后，dct_en信号置1，并维持320×320个时钟周期后，变为0

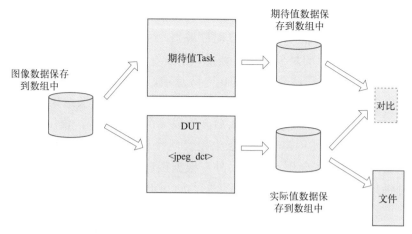

图12-13　结果自动对比的框图设计

断言的实现思路：为了简化验证环境的设计，可以在输入一幅图像（320×320个像素数据）后，同时生成一个内部脉冲信号，然后使用这个内部脉冲信号和实际输出信号做断言检查。

⑤ 代码覆盖率：在Modelsim的运行脚本中加上代码覆盖率选项，收集行覆盖率（语句覆盖率）和分支覆盖率。

【实现思路】

① 直接激励测试时，可以打开一个320×320大小的BMP图片文件，按照BMP图片格式，读取像素数据，保存到一个数组中，然后发送给被测电路产生测试激励。

② 随机激励测试时，图像数据可以直接通过$random系统函数随机产生16bit的数据。对于输入有效信号，可以随机产生它的有效时序，但是为了提高仿真效率，可以让高电平有效的时间长一些（例如：300～500个时钟周期），让低电平无效的时间短一些（例如：1～10个时钟周期），但是总有效要求320×320个时钟周期。

③ 对于结果自动对比，首先需要构造期待值模型Task。本次的DCT变换模块中主要包含以下2个运算，可以写成期待值模型Task。

a. RGB转灰度的期待值模型Task：将输入的像素数据RGB565先扩展成RGB888，然后按照式（12-1）计算出该像素的灰度值。

b. 1维DCT变换运算的期待值模型Task：将一行8个像素数据或一列8个像素数据，按照式（12-2）进行矩阵运算，得到8个输出数据。

说明：为了实现2维DCT变换运算，需要调用2次1维DCT变换的期待值Task，通过DCT变换矩阵的系数可以分析得出，每次DCT变换运算后，为了不产生数据溢出，结果数据会增加2bit位宽。因此，可以写2个期待值模型Task，每个Task有不同的数据位宽。

可以等到被测电路将一幅图像处理完成并输出保存到数组后，再调用期待值模型Task，将期待值结果数据保存到期待值数据的数组中，然后再一一对比2个数组中的数据是否一致。另外，在RGB转灰度运算以及DCT变换运算中，涉及定点小数的计算，被测电路在电路实现时进行了公式优化处理和定点小数优化处理，所以，在做数值对比时，实际值和期待值可能会有一定的偏差。因此，需要设定一定的误差范围，例如+/−5的误差范围。

④ 对于断言时序检查，如时序信号关系表，被测电路有1个信号需要检查时序。编程实现时，通过SVA语言中的property语法定义时序关系，通过assert让定义的property时序检查生效。另外，因为断言使用的是SVA语言语法，所以在Modelsim的运行脚本中需要加上命令选项才能正常执行。在编译命令vlog中加上-sv选项，在仿真命令vsim中加上-assertdebug选项。对于输出信号（dct_en）的时序检查：该信号表示DCT变换结果数据输出有效，可以在产生完320×320个有效像素数据输入后，生成一个内部信号。使用该内部信号与dct_en输出信号做断言检查。使用#[m:n]语法来定义两个信号的间隔时间范围，可以设定大一些的时间范围，这样断言会更灵活。另外，根据接口信号的波形，dct_en信号连续输出320×320个时钟周期的高电平，所以可以通过dct_en[*102400]语法来检查高电平的周期个数。

⑤ 对于代码覆盖率，在Modelsim脚本中加上命令选项即可。编译命令vlog中添加"-cover sb"选项，收集行覆盖率（语句覆盖率）和分支覆盖率，在仿真命令vsim中添加"-coverage"选项。

```
1    `timescale 1ns / 1ns
2    module tb();
3    integer fileId0,cc,i,j,k,dct_cnt2;
4    integer num,mem_in_cnt;
5    integer t1,t2;
6    reg  frame_start;
7    reg [7:0]bmp_data0[0:307300];    //54+320x320x3
8    reg [15:0]mem_in[0:320*320-1];    //320x320
9    reg signed[11:0]mem_dctdata2[0:320*320-1];   //320x320
10   reg signed[7:0]mem_ydata[0:320*320-1];    //320x320
11   reg signed[9:0]mem_8x8_1[0:63];    //8x8
12   reg signed[11:0]mem_dct2_exp[0:320*320-1];   //320x320
13   integer bmp_width0,bmp_hight0,data_start_index0,bmp_size0;
14   integer NG_cnt;
15   //read bmp image data
16   initial begin
17   fileId0 = $fopen("1.bmp","rb");    //org image 320x320
18   cc = $fread(bmp_data0, fileId0);
19   bmp_width0 = {bmp_data0[21],bmp_data0[20],bmp_data0[19],bmp_data0[18]};
20   bmp_hight0 = {bmp_data0[25],bmp_data0[24],bmp_data0[23],bmp_data0[22]};
21   data_start_index0 = {bmp_data0[13],bmp_data0[12],bmp_data0[11],bmp_data0
[10]};
22   bmp_size0 = {bmp_data0[5],bmp_data0[4],bmp_data0[3],bmp_data0[2]};
23   end
24
25   parameter CYCLE = 10;
26   reg clk;
27   reg rst_n;
28   reg en;
29   reg [15:0]in;  // RGB565 R=in[4:0];G=in[10:5];B=in[15:11];
30
```

```
31      wire[11:0]dct_data;
32      wire dct_en;
33      //DUT instance
34      jpeg_dct jpeg_dct(
35          .clk       (clk         ),
36          .rst_n        (rst_n          ),
37          .en       (en          ),
38          .in       (in          ),
39          .dct_data (dct_data ),
40          .dct_en        (dct_en          )
41      );
42      //generage clock
43      initial begin
44          clk = 0;
45          forever begin
46              #(CYCLE/2);
47              clk = 1;
48              #(CYCLE/2);
49              clk = 0;
50          end
51      end
52      //generage reset
53      initial begin
54          rst_n = 0;
55          #(3*CYCLE);
56          rst_n = 1;
57      end
58      integer    fw_act,fw_exp;
59      event      evt_input_over;
60      initial begin
61          fw_act  = $fopen("dct2_act.txt","w");
62          fw_exp  = $fopen("dct2_exp.txt","w");
63      end
64      initial begin
65          dct_cnt2= 0;
66          en   = 0;
67          in   = 0;
68          frame_start = 0;
69          #(10*CYCLE);
70      //generate direct input
71          //BGR888->RGB565
72          for(i=0; i<(bmp_size0-data_start_index0)/3; i=i+1)begin
73              mem_in[i] = {bmp_data0[data_start_index0+i*3+2][7:3],bmp_data0
[data_start_index0+i*3+1][7:2],
74              bmp_data0[data_start_index0+i*3][7:3]};
75          end
76          frame_start = 1;
77          #(CYCLE);
```

```
78          frame_start = 0;
79          for(i=0; i<320*320; i=i+1)begin
80              en = 1;
81              in = mem_in[i];
82              #(CYCLE);
83          end
84          en = 0;
85          ->evt_input_over;
86          #(100*CYCLE);
87          @(negedge dct_en);
88          #(10*CYCLE);
89          $display("dtc_out number is%d",dct_cnt2);
90          dct_cnt2 = 0;
91      //generate random input
92          for(i=0; i<320*320; i=i+1)begin
93              mem_in[i] = {$random}%65536;
94          end
95          num = 320*320;
96          mem_in_cnt = 0;
97          frame_start = 1;
98          #(CYCLE);
99          frame_start = 0;
100         while(num>=399)begin
101             t1 = {$random}%200 + 200;
102             t2 = {$random}%10 + 1;
103             num = num - t1;
104             en = 1;
105             for(i=0; i<t1; i=i+1)begin
106                 in = mem_in[mem_in_cnt];
107                 mem_in_cnt = mem_in_cnt + 1;
108                 #(CYCLE);
109             end
110             en = 0;
111             #(t2*CYCLE);
112         end
113         if(num>0)begin
114             en = 1;
115             for(i=0; i<num; i=i+1)begin
116                 in = mem_in[mem_in_cnt];
117                 mem_in_cnt = mem_in_cnt + 1;
118                 #(CYCLE);
119             end
120             en = 0;
121         end
122         ->evt_input_over;
123         #(100*CYCLE);
124         @(negedge dct_en);
```

```
125             #(10*CYCLE);
126             $display("dtc_out number is%d",dct_cnt2);
127
128             $fclose(fileId0);
129             $fclose(fw_act);
130             $fclose(fw_exp);
131             $display("sim end!!!");
132             $display("NG count is %d",NG_cnt);
133             $finish;
134     end
135     //auto compare
136     initial begin
137         NG_cnt = 0;
138         #(10*CYCLE);
139         forever begin
140                 @(evt_input_over);
141                 #(100*CYCLE);
142                 @(negedge dct_en);
143                 //#(2*CYCLE);
144                 //RGB->Y model
145                 for(i=0; i<320*320; i=i+1)begin
146                         t_rgb2y(mem_in[i][15:11],mem_in[i][10:5],mem_in[i][4:0],mem_
ydata[i]);
147                 end
148                 //DCT model
149                 for(i=0; i<bmp_width0*bmp_hight0/64; i=i+1)begin
150                         for(j=0; j<64/8; j=j+1)begin
151                                 k = i/(bmp_width0/8)*8*bmp_width0+(i%(bmp_width0/8))*8+
j*bmp_width0;
152                                 t_dct1(
153                                         mem_ydata[k],
154                                         mem_ydata[k+1],
155                                         mem_ydata[k+2],
156                                         mem_ydata[k+3],
157                                         mem_ydata[k+4],
158                                         mem_ydata[k+5],
159                                         mem_ydata[k+6],
160                                         mem_ydata[k+7],
161                                         mem_8x8_1[j],
162                                         mem_8x8_1[j+8],
163                                         mem_8x8_1[j+8*2],
164                                         mem_8x8_1[j+8*3],
165                                         mem_8x8_1[j+8*4],
166                                         mem_8x8_1[j+8*5],
167                                         mem_8x8_1[j+8*6],
168                                         mem_8x8_1[j+8*7]
169                                 );
```

```
170                          end
171                          for(j=0; j<64/8; j=j+1)begin
172                                  t_dct2(
173                                          mem_8x8_1[j*8],
174                                          mem_8x8_1[j*8+1],
175                                          mem_8x8_1[j*8+2],
176                                          mem_8x8_1[j*8+3],
177                                          mem_8x8_1[j*8+4],
178                                          mem_8x8_1[j*8+5],
179                                          mem_8x8_1[j*8+6],
180                                          mem_8x8_1[j*8+7],
181                                          mem_dct2_exp[i*64+j*8],
182                                          mem_dct2_exp[i*64+j*8+1],
183                                          mem_dct2_exp[i*64+j*8+2],
184                                          mem_dct2_exp[i*64+j*8+3],
185                                          mem_dct2_exp[i*64+j*8+4],
186                                          mem_dct2_exp[i*64+j*8+5],
187                                          mem_dct2_exp[i*64+j*8+6],
188                                          mem_dct2_exp[i*64+j*8+7]
189                                  );
190                          end
191                  end
192
193                  //save exp data to file
194                  for(i=0; i<bmp_width0*bmp_hight0; i=i+1)begin
195                          $fwrite(fw_exp,"%d",mem_dct2_exp[i]);
196                          if(i%8==7)$fwrite(fw_exp, "\n");
197                          if(i%64==63)$fwrite(fw_exp, "\n");
198                  end
199                  //save act data to file
200                  for(i=0; i<bmp_width0*bmp_hight0; i=i+1)begin
201                          $fwrite(fw_act,"%d",mem_dctdata2[i]);
202                          if(i%8==7)$fwrite(fw_act, "\n");
203                          if(i%64==63)$fwrite(fw_act, "\n");
204                  end
205                  //compare exp and act
206                  for(i=0; i<bmp_width0*bmp_hight0; i=i+1)begin
207                          if(mem_dct2_exp[i]-mem_dctdata2[i]<=5 && mem_dct2_exp[i]-mem_
dctdata2[i]>=-5)begin
208                                  //$display("OK,%d,%d,%d",i,mem_dct2_exp[i],mem_dctdata2
[i]);
209                          end
210                          else begin
211                                  $display("NG,%d,%d,%d",i,mem_dct2_exp[i],mem_dctdata2
[i]);
212                                  NG_cnt = NG_cnt+1;
213                          end
```

```verilog
214              end
215          end
216      end
217
218      //print dct2_data of RTL
219      always@(posedge clk)
220      begin
221        if(dct_en )
222        begin
223            mem_dctdata2[dct_cnt2] = dct_data;
224            dct_cnt2 = dct_cnt2+1;
225        end
226      end
227      //RGB->Y task
228      parameter pr = 306;//0.299*1024;
229      parameter pg = 601;//0.587*1024;
230      parameter pb = 117;//0.114*1024;
231      task t_rgb2y;
232      input     [4:0] b;
233      input     [5:0] g;
234      input     [4:0] r;
235      output    [7:0] y;
236      reg [17:0]   b1;
237      reg [17:0]   g1;
238      reg [17:0]   r1;
239      reg [17:0]   y1;
240      begin
241          r1 = {r,3'b0};
242          g1 = {g,2'b0};
243          b1 = {b,3'b0};
244          y1 = pr*r1 + pg*g1 +pb*b1;
245          y  = y1[17:10] - 128;
246      end
247      endtask
248      //DCT task
249      parameter a = 362;//0.3536*1024
250      parameter b = 502;//0.4904
251      parameter c = 473;//0.4619
252      parameter d = 426;//0.4157
253      parameter e = 284;//0.2778
254      parameter f = 196;//0.1913
255      parameter g = 100;//0.0975
256      task t_dct1;
257      input     signed[7:0]   x0;
258      input     signed[7:0]   x1;
259      input     signed[7:0]   x2;
260      input     signed[7:0]   x3;
```

```
261    input      signed[7:0]    x4;
262    input      signed[7:0]    x5;
263    input      signed[7:0]    x6;
264    input      signed[7:0]    x7;
265    output     signed[9:0]    y0;
266    output     signed[9:0]    y1;
267    output     signed[9:0]    y2;
268    output     signed[9:0]    y3;
269    output     signed[9:0]    y4;
270    output     signed[9:0]    y5;
271    output     signed[9:0]    y6;
272    output     signed[9:0]    y7;
273    begin
274        y0 = (a*x0 +a*x1 +a*x2 +a*x3 +a*x4 +a*x5 +a*x6 +a*x7)/1024;
275        y1 = (b*x0 +d*x1 +e*x2 +g*x3 -g*x4 -e*x5 -d*x6 -b*x7)/1024;
276        y2 = (c*x0 +f*x1 -f*x2 -c*x3 -c*x4 -f*x5 +f*x6 +c*x7)/1024;
277        y3 = (d*x0 -g*x1 -b*x2 -e*x3 +e*x4 +b*x5 +g*x6 -d*x7)/1024;
278        y4 = (a*x0 -a*x1 -a*x2 +a*x3 +a*x4 -a*x5 -a*x6 +a*x7)/1024;
279        y5 = (e*x0 -b*x1 +g*x2 +d*x3 -d*x4 -g*x5 +b*x6 -e*x7)/1024;
280        y6 = (f*x0 -c*x1 +c*x2 -f*x3 -f*x4 +c*x5 -c*x6 +f*x7)/1024;
281        y7 = (g*x0 -e*x1 +d*x2 -b*x3 +b*x4 -d*x5 +e*x6 -g*x7)/1024;
282    end
283    endtask
284    task t_dct2;
285    input      signed[9:0]    x0;
286    input      signed[9:0]    x1;
287    input      signed[9:0]    x2;
288    input      signed[9:0]    x3;
289    input      signed[9:0]    x4;
290    input      signed[9:0]    x5;
291    input      signed[9:0]    x6;
292    input      signed[9:0]    x7;
293    output     signed[11:0]   y0;
294    output     signed[11:0]   y1;
295    output     signed[11:0]   y2;
296    output     signed[11:0]   y3;
297    output     signed[11:0]   y4;
298    output     signed[11:0]   y5;
299    output     signed[11:0]   y6;
300    output     signed[11:0]   y7;
301    begin
302        y0 = (a*x0 +a*x1 +a*x2 +a*x3 +a*x4 +a*x5 +a*x6 +a*x7)/1024;
303        y1 = (b*x0 +d*x1 +e*x2 +g*x3 -g*x4 -e*x5 -d*x6 -b*x7)/1024;
304        y2 = (c*x0 +f*x1 -f*x2 -c*x3 -c*x4 -f*x5 +f*x6 +c*x7)/1024;
305        y3 = (d*x0 -g*x1 -b*x2 -e*x3 +e*x4 +b*x5 +g*x6 -d*x7)/1024;
306        y4 = (a*x0 -a*x1 -a*x2 +a*x3 +a*x4 -a*x5 -a*x6 +a*x7)/1024;
307        y5 = (e*x0 -b*x1 +g*x2 +d*x3 -d*x4 -g*x5 +b*x6 -e*x7)/1024;
308        y6 = (f*x0 -c*x1 +c*x2 -f*x3 -f*x4 +c*x5 -c*x6 +f*x7)/1024;
```

```
309            y7 = (g*x0 -e*x1 +d*x2 -b*x3 +b*x4 -d*x5 +e*x6 -g*x7)/1024;
310        end
311    endtask
312    //assertion check
313    property p_dct_en;
314        @(posedge clk) $rose(frame_start) |-> ##[2000:3000] dct_en[*102400]
##1 ~dct_en;
315    endproperty
316    assert property(p_dct_en);
317    endmodule
```

代码的第16～23行，作为直接激励，读取一幅BMP图片文件的数据，按照BMP图片文件格式的定义，可以读出图片文件中的数据信息，包括图片的尺寸大小、图片数据的字节数等。用于测试的BMP图片如图12-14所示。

代码的第60～63行，打开2个文本文件，分别用于保存被测电路的实际输出DCT变换数据，以及期待值结果数据，用于评价算法的正确性。

代码第72～89行，用于产生直接激励，即读取一幅BMP图片数据，输入给被测电路。代码的第72～75行，读取BMP图片文件中的像素数据信息，组成RGB565格式，保存到数组mem_in中。代码第76～78行，产生一个脉冲信号，表

图12-14　用于测试的BMP图片

示要开始传送一幅图像，该脉冲信号用于同dct_en信号的断言时序检查。代码第79～84行，将数组mem_in中的像素数据依次赋值给被测电路的数据输入端口in，同时产生输入数据有效信号en。代码第87行，等待dct_en信号的下降沿，即被测电路的DCT变换完成，完成直接激励的输入。

代码第92～126行，用于产生随机激励，即随机产生像素数据的数值，以及输入有效信号的时序。代码第92～94行，调用随机函数$random产生320×320个随机数据，保存到mem_in数组中。代码第97～99行，产生一个脉冲信号，表示要开始传送一幅图像，该脉冲信号用于同dct_en信号的断言时序检查。代码第100～121行，随机产生输入有效信号en的时序。第101行和第102行，随机产生en信号的高电平周期数t1，以及低电平周期数t2。第104～109行，产生en信号的高电平周期，并且将数组mem_in中的随机数据依次赋值给数据信号in。代码第110行和第111行，产生en信号的低电平周期。代码第113～121行，产生最后一次的en信号高电平周期，使总的高电平周期数等于320×320个，即一幅图像的尺寸。代码第124行，等待dct_en信号的下降沿，即被测电路的DCT变换完成，完成随机激励的输入。

代码第136～216行，实现结果自动比较。代码第142行，等待dct_en信号的下降沿，即被测电路的DCT变换完成。代码第145～147行，调用RGB转灰度的期待值Task，算出每个像素的灰度值，保存到数组mem_ydata中。代码第149～170行，将灰度图像按照8×8尺寸进行分块，将每一块8×8像素数据代入DCT变换的期待值Task（t_dct1）中，进行行变换。代码第171～190行，将行变换后的8×8像素块继续代入DCT变换的期待值

Task（t_dct2）中，进行列变换。至此完成了2维DCT变换，并将DCT变换后的期待值保存到数组mem_dct2_exp中。代码第194～198行，将DCT变换后的期待值数组中的数据，按照8×8图像块格式，打印输出到文件中，用于后续的DCT算法正确性评估。同样，代码第200～204行，将DCT变换后的实际值数组中的数据，按照8×8图像块格式，打印输出到文件中，用于后续的DCT算法正确性评估。代码第206～214行，将DCT变换后的期待值数组中的数据，以及DCT变换后的实际值数组中的数据，依次对比，并将对比结果"OK/NG"打印到屏幕上。

代码第219～226行，将被测电路的输出DCT变换结果数据保存到数组mem_dctdata2中，当输出有效信号dct_en为高电平时，保存DCT变换结果数据dct_data到数组中。

代码第228～247行，是RGB转灰度的期待值Task。先将RGB565进行低位填充，扩展成RGB888，然后按照RGB转灰度的计算公式［式（12-1）］，将R/G/B分量分别乘以系数，再相加。需要说明的是，Verilog语法中不支持小数运算，所以，将系数先扩大1024倍，得到最终运算结果以后再除以1024，即扔掉低10bit。

代码第249～283行，是1维DCT变换的期待值Task。按照式（12-2），输入8个数据，经过矩阵运算，得到8个数据输出。同样，需要注意的是，式中的矩阵系数是定点小数，Verilog语法中不支持小数运算，所以，将系数先扩大1024倍，得到最终运算结果以后再除以1024。另外，式中的矩阵运算是带符号数运算，所以，Task中的输入数据和输出数据信号都使用关键字signed来定义，这样就支持带符号数运算。

代码第284～311行是第2个1维DCT变换的期待值Task。和上面的期待值Task计算公式相同，只是第2个1维DCT运算的输入数据和输出数据位宽都增加了2bit。

代码第313～316行，通过断言检查输出有效信号dct_en的正确性。通过property语法定义需要检查的时序，断言的条件是内部信号frame_start的上升沿。当条件成立以后，断言经过一定的时间（根据调试定义了一个时间范围），输出有效信号dct_en出现高电平，并维持320×320个高电平周期。然后，通过assert语法实例化property，让该断言生效。

Modelsim运行脚本内容如下：

```
1    #################       ModelSim TCL     ######################
2
3    set  TB_DIR  ./
4    set  VL_DIR  ../verilog
5
6    ##### Create the Project/Lib #####
7
8    #vlib work
9
10   # map the library
11
12   #vmap work work
13
14   ##### Compile the verilog #####
15
16   vlog -sv -cover sb \
17       ${TB_DIR}/tb4.v \
```

```
18        ${VL_DIR}/DCT.v\
19        ${VL_DIR}/DCT2.v\
20        ${VL_DIR}/Y.v\
21        ${VL_DIR}/dispose.v\
22        ${VL_DIR}/image.v\
23        ${VL_DIR}/jpeg_dct.v\
24        ${VL_DIR}/mem.v\
25        ${VL_DIR}/ram_1.v\
26        ${VL_DIR}/ram_im.v\
27        ${VL_DIR}/ram_mem1.v\
28        ${TB_DIR}/sim_lib/220model.v \
29        ${TB_DIR}/sim_lib/altera_mf.v
30
31     ##### Start Simulation #####
32
33     vsim -coverage -assertdebug -novopt work.tb
34
35     #add wave -binary clk rst
36     #add wave *
37     #view wave
38     view assertions
39
40     #add wave -unsigned random c_count
41
42     #run 990
43     run -all
44
45
46     ##### Quit the Simulation #####
47
48     # quit -sim
```

  脚本文件中的第16行，编译命令vlog的后面加上了"-sv"选项，是因为断言检查使用SVA语言，属于SystemVerilog语法。同时加上了"-cover sb"选项，用来收集行覆盖率（Stmts）和分支覆盖率（Branches）。第33行，仿真命令vsim中增加了"-coverage"选项，用来运行代码覆盖率，生成代码覆盖率报告。同时加上了"-assertdebug"选项，用来运行断言检查。第38行，查看断言检查结果报告。

  Modelsim仿真结果如图12-15所示，"Transcript"窗口中打印显示了所有数据的对比情况，结果都是"OK"，表示结果自动对比正确。另外，打印信息中Log信息没有报出断言检查出错的信息。

  运行仿真后，可以在仿真目录下打开生成的期待值结果文件dct2_exp.txt，以及被测电路的实际值结果文件dct2_act.txt，如图12-16所示。可以看到2个文件的数值很相近，但存在一定的误差，误差的原因是在实现RGB转灰度的计算公式，以及DCT变换的计算公式时，被测电路做了一定的简化和优化，这种误差是正常的，在合理范围内即可。另外，可以看出DCT变换结果的8×8数据，大的数值集中在左上角，右下角接近于0，这和DCT变换的效果是吻合的，说明算法是合理正确的。

图12-15　Modelsim仿真结果截图

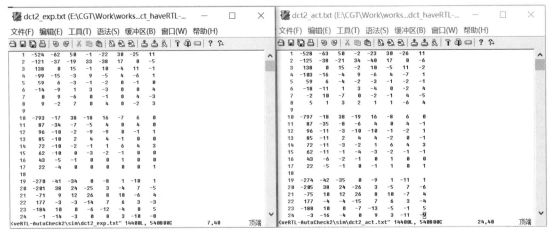

图12-16　期待值结果文件和实际值结果文件

通过"sim"窗口可以查看断言检查（Assertion）的结果报告和断言覆盖率，如图12-17所示。可以看出断言检查是正确的，断言覆盖率是100%。同时，通过"sim"窗口可以查看总体代码覆盖率报告，被测电路jpeg_dct的总体代码覆盖率是16.8%，覆盖率很低，那是因为被测电路中使用了RAM，仿真时RAM使用的是Quartus中的仿真库文件，仿真库文件中的代码覆盖率很低。这时，我们可以通过"Files"窗口查看各个文件模块的代码覆盖率报告，如图12-18所示。有几个文件没有显示覆盖率（例如：ram_im.v, ram_mem1.v, dispose.v, jpeg_dct.v），那是因为这几个文件中只有子模块的实例化，没有其他逻辑代码，所以不显示代码覆盖率。另外，altera_mf.v文件是仿真库文件，所以代码覆盖率比较低。本次项目有效代码中覆盖率没有达到100%的只有文件DCT.v中的分支覆盖率，达到93.103%。

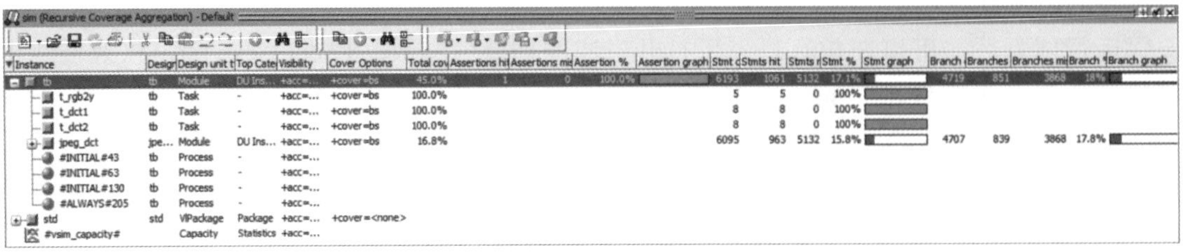

图12-17　断言覆盖率和断言检查结果报告

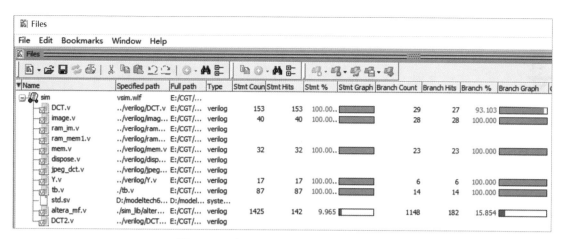

图12-18 各个文件模块的代码覆盖率报告

行覆盖率达到98.9%，共有91行，覆盖到了90行，有1行没覆盖到。分支覆盖率达到98.5%，共有65个分支，覆盖到了64个分支，有1个分支没覆盖到。

接下来需要确认没覆盖到的地方，可以选中DCT.v文件，在"Analysis"窗口中查看没有覆盖到的分支情况，如图12-19和图12-20所示。没有覆盖到的分支是Case语法的第226行的default分支，以及另一个Case语法的第275行的default分支。经过代码解析，这两处的Case已经将所有情况都罗列出来，根本不会运行到default分支，所以这两处可以认为是冗余代码，覆盖不到也没有问题。

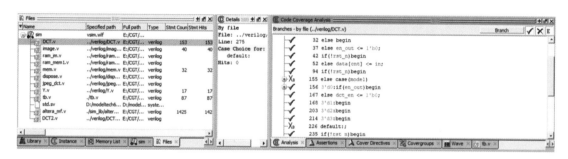

图12-19 未覆盖的分支（1）

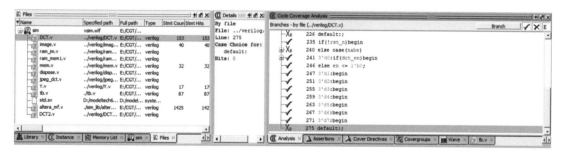

图12-20 未覆盖的分支（2）

参考文献

[1] 高秋红. 时序电路的功能验证方法和技术研究[D]. 北京: 北京交通大学, 2006.

[2] 欧树云. 数字IC功能验证: 模型语言、激励生成及例证研究[D]. 长沙: 国防科技大学, 2017.

[3] 席筱颖. 集成电路功能验证方法[J]. 科技传播, 2010(23): 137,140.

[4] 刘斌. 芯片验证漫游指南: 从系统理论到UVM的验证全视界[M]. 北京: 电子工业出版社, 2018.

[5] 张强. UVM实战（卷I）[M]. 北京: 机械工业出版社, 2018.

[6] （美）伯杰龙, 等. SystemVerilog验证方法学[M]. 夏宇闻, 杨雷, 陈先勇, 等译. 北京: 北京航空航天大学出版社, 2007.